新レベル表 対応版

品質管理検定集中講座[4]

QC検定受検テキスト

■編著
細谷　克也

■著
稲葉　太一
竹士伊知郎
松本　　隆
吉田　　節
和田　法明

4級

日科技連

品質管理検定®およびQC検定®は，一般財団法人日本規格協会の登録商標です．

はじめに

　ビジネスを取り巻く環境は，厳しい状況を呈している．情報の高度化・スピード化や国境のない経済，産業のグローバル化は，企業におけるビジネスのあり方を激変させている．そのなかにあっても，お客様の視点に立った製品・サービスの提供がビジネスの原点であることは誰もが認めるところである．今こそ，品質保証を基軸に，独創的な製品・サービスを創造し，持続的な成長を実現していかなければならない．

　ここにおいて，重要な役割を担ってくるのが品質管理である．経営上の重要問題を次々と効率よく効果的に解決していく技術者・スタッフ・社員が要望されており，そのためには，この品質管理に関する知識が必要である

　"品質管理検定"（略して，"QC検定"と呼ばれる）は，日本の品質管理の様々な組織・地域への普及，ならびに品質管理そのものの向上・発展に資することを目的に創設されたものである．

　2005年12月に始められ，現在，全国で年2回（3月と9月）の試験が実施されており，QC検定センターの資料によると，2016年3月の第21回検定試験で，総申込者数が736,666人，総合格者数が389,810人となった．

　QC検定は，品質管理に関する知識をどの程度持っているかを筆記試験によって客観的に評価するもので，1級・準1級から4級まで，4つの級が設定されている．

　受検者にとっては，①自己能力をアピールできる，②仕事の幅を広げるチャンスが拡大する，③就職における即戦力をアピールする強力な武器となる，などのメリットがある．

　受検を希望される方々からの要望に応えて，筆者たちは，先に受検テキストや受検問題・解説集として，

- 『品質管理検定受験対策問題集』(QC検定集中対策シリーズ(全4巻))
- 『QC検定対応問題・解説集』(品質管理検定試験受験対策シリーズ(全4巻))
- 『QC検定受験テキスト』(品質管理検定集中講座(全4巻))
- 『QC検定模擬問題集』(品質管理検定講座(全4巻))

はじめに

の4シリーズ・全16巻を刊行してきた．いずれの書籍も広く活用されており，合格者からは，「非常に役に立った」，「おかげで合格できた」との高い評価を頂戴している．

　品質管理検定運営委員会では，品質管理検定レベル表（Ver.20081008.3）を改定し，新レベル表（Ver.20150130.1）を2015年2月3日に公表し，第20回試験から適用している．
　今回の改定のポイントは，①項目の内容について再検討し，必要に応じて項目の分割などの整理・並べ替えを行う，②同一項目における級ごとの出題内容を区別し，明確にする，の2点である．
　そこで，『QC検定受験テキスト』シリーズを改訂し，前述の新レベル表改定のポイントに合わせて，章の並べ替えを行うとともに，新しく追加された項目や出題範囲が変更された項目に対応させ，解説の追加・修正・削除を行い，『新レベル表対応版　QC検定受検テキスト』（品質管理検定集中講座（全4巻））を刊行することとした．

　本シリーズは，QC検定の各級の受検者を対象に，確実な"合格力"の養成をめざしたものである．
　本シリーズの特長は，次の8つである．
（1）　基本的なこと，重要なこと，間違いやすいこと，錯覚しやすいことについて簡潔に説明してある．
（2）　過去問をよく研究して執筆してあるので，ポイントやキーワードがしっかり理解できる．
（3）　QC検定レベル表に記載されている用語は，漏らさないようにするとともに，必要によりJISや用語辞典などを引用し，正確に解説してある．
（4）　図表や事例を多用し，具体的でわかりやすくしている．
（5）　QC手法については，受検者の多くが苦手とする分野に紙数を割き，具体的に，わかりやすく解説してある．
（6）　QC手法は，公式をきちんと示し，できるだけ例題で解くようにしてあるので，理解しやすい．
（7）　章末に，"章のポイント"として，重要用語や重要事項などがまとめら

れている.

(8) 執筆者は，日本科学技術連盟や日本規格協会のセミナー講師で，全員がQC検定1級合格者であり，自らの受検経験をもとに記述してある．

　紙数の関係から，すべての内容を詳しく記述できないので，足りないところは，他のテキストや演習・問題集などを併用してほしい．なお，詳しい試験範囲などは，品質管理検定センターのホームページを参照されたい．

　本書は，4級の受検者を対象にした『4級受検テキスト』である．4級をめざす方々に求められる知識と能力は，組織で仕事をするにあたって，品質管理の基本を含めて企業活動の基本常識を理解しており，企業などで行われている改善活動も言葉としては理解できるレベルである．すなわち，社会人として最低限知っておいてほしい仕事の進め方や品質管理に関する用語の知識は有しているというレベルである．

　受検にあたって，本テキストを熟読することによって，詳細な知識が養成され，出題範囲を効率よく勉強できるので，即戦力が養成できる．

　本書の完成をもって，本シリーズはすべて刊行された．本シリーズが，一人でも多くの合格者の輩出に役立つとともに，QC検定制度の普及，日本のモノづくりの強化と日本の国際競争力の向上に結びつくことを期待している．

　最後に，本書の出版にあたって，一方ならぬお世話になった㈱日科技連出版社の田中健社長，戸羽節文取締役，石田新氏に感謝申し上げる．

　2016年　稲穂がたわわに実る頃

QC検定受検テキスト編集委員会
委員長・編著者　細谷　克也

品質管理検定(QC検定)4級の試験内容

(日本規格協会ホームページ"QC検定"http://www.jsa.or.jp/ から)

❶ 各級の対象者(人材像)

級	人材像
1級／準1級	・部門横断の品質問題解決をリードできるスタッフ． ・品質問題解決の指導的立場の品質技術者．
2級	・自部門の品質問題解決をリードできるスタッフ． ・品質にかかわる部署(品質管理，品質保証，研究・開発，生産，技術)の管理職・スタッフ．
3級	・業種・業態にかかわらず自分たちの職場の問題解決を行う全社員(事務，営業，サービス，生産，技術を含むすべての方々)． ・品質管理を学ぶ大学生・高専生・高校生．
4級	・初めて品質管理を学ぶ人． ・新入社員． ・社員外従業員． ・初めて品質管理を学ぶ大学生・高専生・高校生．

❷ 4級を認定する知識と能力レベル

4級を目指す方々に求められる知識と能力は，組織で仕事をするにあたって，品質管理の基本を含めて企業活動の基本常識を理解しており，企業等で行われている改善活動も言葉としては理解できるレベルである．

社会人として最低限知っておいてほしい仕事の進め方や品質管理に関する用語の知識は有しているというレベルである．

❸ 4級の試験の実施概要

品質管理，管理，改善，工程，検査，標準・標準化，データ，QC七つ道具，企業活動の基本など，企業活動の基本常識に関する理解度の確認．

❹ 4級の合格基準
・総合得点が概ね70%以上.

なお,新レベル表(Ver.20150130.1)および品質管理検定の詳細は,日本規格協会ホームページ"QC検定"をご参照ください.

QC検定 受検テキスト ❹級──目次

	Page
はじめに	iii
品質管理検定(QC検定)4級の試験内容	v

1 品質管理 — 1
- **1.1** 品質とその重要性 — 2
- **1.2** 品質優先の考え方 — 4
- **1.3** 品質管理とは — 5
- **1.4** お客様満足とねらいの品質 — 7
- **1.5** 問題と課題 — 9
- **1.6** 苦情・クレーム — 10

2 管理 — 15
- **2.1** 管理活動 — 16
- **2.2** 仕事の進め方 — 17
- **2.3** PDCA,SDCA — 18
- **2.4** 管理項目 — 21

3 改善 — 25
- **3.1** 改善 — 26
- **3.2** QCストーリー — 27
- **3.3** 3ム — 30
- **3.4** 小集団活動とは — 32
- **3.5** 重点指向とは — 34

目　次

Page

4　工程（プロセス） — 39
- **4.1**　前工程と後工程　　40
- **4.2**　工程の5M　　43
- **4.3**　異常とは　　44

5　検査 — 51
- **5.1**　検査とは　　52
- **5.2**　適合・不適合　　53
- **5.3**　ロットの合格・不合格　　54
- **5.4**　検査の種類　　55

6　標準・標準化 — 63
- **6.1**　標準化とは　　64
- **6.2**　業務に関する標準，品物に関する標準　　66
- **6.3**　いろいろな標準　　71

7　事実に基づく判断 — 75
- **7.1**　データの基礎　　76
- **7.2**　ロット　　79
- **7.3**　データの種類（計量値，計数値）　　80
- **7.4**　データのとり方，まとめ方　　80
- **7.5**　平均とばらつきの概念　　84
- **7.6**　平均と範囲　　84

目 次

	Page

8 データの活用と見方 — 89
8.1 QC 七つ道具 — 90
8.2 異常値 — 114
8.3 ブレーンストーミング — 115

9 企業活動の基本 — 121
9.1 製品とサービス — 122
9.2 職場の総合的な品質（QCD ＋ PSME） — 122
9.3 報告・連絡・相談 — 124
9.4 5W1H — 126
9.5 三現主義・5 ゲン主義 — 128
9.6 企業生活のマナー — 129
9.7 5S — 132
9.8 安全衛生 — 133
9.9 規則と標準 — 134

参考・引用文献 — 139
索引 — 141

第 1 章

品質管理

第1章 品質管理

1.1 品質とその重要性

1.1.1 品質とは

"品質"(Q：Quality)とは,「本来備わっている特性の集まりが,要求事項を満たす程度」をいう.すなわち,製品やサービスの品質とは,その製品やサービスがその使用目的をどの程度満たしているかの程度である.お客様は品質に関して,さまざまなことを期待する.お客様が考える品質を企業が実現するためには,お客様が期待されていることをよく聞いて(調べて),お客様の立場に立って製品やサービスのあるべき姿を明確にする必要がある.

たとえば,マイカーを買おうとしている多くのお客様は,表1.1のようなことを必要な品質と考えるであろう.

表1.1 マイカーに要求される品質

- 家族みんながゆったり乗れる
- 燃費がいい
- CO_2 の排出量が少ない
- 万一の衝突でも安全
- カーナビ,オーディオがついている
- 加速性能がいい
- スポーティなスタイル
- 明るいボディカラー
- 運転がしやすい
- 故障しない
- メンテナンスが楽である
- 営業マンが親切に相談に乗ってくれる
- アフターサービスが充実している

表 1.2　マイカーに要求される価格や納期

- 車両価格が予算内である
- 納車が早い
- 下取り価格がよい
- 消耗部品の価格が安価である
- 諸費用が安い
- 税制の優遇がある

　これらの中には，車そのものの品質のほかに，周辺のサービスに関する項目も多い．

　マイカーに要求される項目には，コスト（C：Cost）や量・納期（D：Delivery）に関するものもある（表 1.2 参照）．

　製品づくりやサービスの活動を行うときには，単に品質（Q）だけでなく，コスト（C），量・納期（D）の問題も総合的に考えた QCD を総合的な品質として考える場合も多い．

　これらのお客様の考える品質と現状の品質の間に差があると考えられるときに「品質に問題がある」ということになる．この問題を解決するために品質管理の活動が必要になるのである．

1.1.2　QCD

　"QCD"とは，一般にいわれる広義（広い意味）の品質のことで，Quality（品質），Cost（コスト），Delivery（量・納期）の総称のことである．

　品質管理活動においては品質を向上させるとともにコスト（原価）を抑え，お客様に約束した量を約束した期日（納期）に届けることが大切である．ただし，コストや納期を重視するあまり品質に問題が生じるようなことがあると，取り返しのつかない事態になる．お客様との共通の言葉である品質が第一である．

1.2 品質優先の考え方

1.2.1 品質優先

　製造会社では，組織をあげて品質を優先する考え方が重要である．この考え方は**品質第一**，あるいは品質至上という場合がある．品質を優先することで，お客様の満足につながり，売上げ・利益が向上し，さらに企業が発展するという望ましい循環が生まれる（図 1.1 参照）．

　これに対し，利益を追求するために品質をないがしろにするようなことがあるが，結局お客様の信頼を得ることができず，売上げ・利益が低下し，はなはだしい場合には，会社の存続すら危うくなるということになりかねない．

図 1.1　品質優先の考え方

1.2.2 マーケットイン・プロダクトアウト

　品質管理では，製品やサービスを提供する側の都合を優先せず，お客様の要求を満たすことを優先するという考え方がある．これは，お客様の品質，コスト，量・納期などに対する多様な要求について，お客様の立場に立って応えていくことである．この考え方を"**マーケットイン**"という．一方，お客様の要望をあまり考慮せず，提供する側の都合を優先する考え方を"**プロダクトアウト**"と呼ぶ．

1.3 品質管理とは

1.3.1 品質管理とは

　"品質管理"は，顧客の要求や欲望を把握し，これらを満たす製品を開発・製造し，販売していくということである．お客様のいろいろな期待に応える品質にするとともに，製品やサービスの品質を一定に保つための活動である．

　1.1 節で述べたようなお客様のさまざまな期待に応えるために，企業で行われる品質管理活動は，品質に関する問題を解決する活動であるといえる．

　品質に関する問題の具体的な例を表 1.3 に示す．

　品質管理は，従業員一人ひとりがばらばらに活動するのではなく，それぞれの職場内，職場間といった組織で協力し問題を解決する活動である．

　職場の品質管理活動は，計画に始まり実施，点検・評価（確認），処置という一連の仕事の進め方に従い改善に取り組む．この仕事の進め方を PDCA といい，内容は第 2 章で解説する．

1.3.2 品質管理活動

　仕事の結果である品質は必ずばらつく．毎日，パンを焼いている老舗のパン屋さんでも，その焼き上がりの色，かたさ，かたち，かおり，味など毎日まったく同じものは焼けないだろう．

　品質がばらつく原因は，おもに人(Man)，機械・設備(Machine)，原材料(Material)，方法(Method)の 4 つの M (4M) であるといわれている（図 1.2 参照）．

　したがって，私たちは品質が必ずばらつくことを認識して，4 M をしっかり管理することでばらつきを許される範囲に抑えることが大切である．

第1章 品質管理

表1.3 品質に関する問題

問題の例	分類
● 健康食品の袋にピンホールがあったとの苦情がきた．	Q（品質）に関する問題
● ガラス製品を製造しているが，表面にきずが発生し，不適合品率が高い．	Q（品質）に関する問題
● ジュースの原料を切り替えたが，味が変わるのではないか心配である．	Q（品質）に関する問題
● 他社にさきがけてデジタル機器の新製品を発売したが，故障が多発した．	Q（品質）に関する問題
● 車のすりきず修理を行っているが，塗装面に光沢がないと苦情がきた．	Q（品質）に関する問題
● 美容院でお客様からヘアカラーの色落ちの苦情がある．	Q（品質）に関する問題
● 薬局の待合室にいすが少なく，お客様が立って待っている．	Q（品質）に関する問題
● 納入先の自動車会社から自動車部品のコストダウンの要求がある．	C（コスト）に関する問題
● 製造原価低減のため電力使用量を削減したい．	C（コスト）に関する問題
● 受注量が増えたので製造ラインを増設したい．	D（量・納期）に関する問題
● 新入社員の不慣れから生産が遅れ，指定の納期に間に合わなかった．	D（量・納期）に関する問題
● 発注から製造までの期間を見直し，納期を短縮したい．	D（量・納期）に関する問題

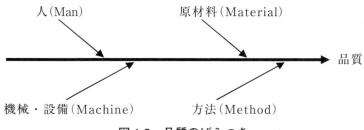

図1.2 品質のばらつき

1.4 お客様満足とねらいの品質

1.4.1 お客様満足

"お客様"とは，顧客のことであり，製品を受け取る組織または人をいい，消費者，依頼人，エンドユーザ，小売業者，受益者，購入者などがある．品質管理では，製品やサービスを提供する先である「顧客」を大切に考える．社外の顧客だけでなく，社内の人もお客様と考えることもよく行われる．"**後工程はお客様**"という言い方で，社内の関係する部署を大切にする．このように，組織全体でお客様を大事にする考え方が品質管理では重要である．

表1.4に具体的なお客様の例を示す．

私たちの活動では「お客様」に喜んでいただく仕事をすることが不可欠である．さらに，自分の行った仕事を必ず引き継いでくれる人がいる．これを「後工程」という．そして，後工程が自分の仕事の結果を評価している．表1.4の光学製品の工場や鋳物工場の例のように，後工程に喜んでもらえる仕事をすることが重要である．このような考えを「後工程はお客様」という．

製品またはサービスに対して，お客様が満足していると感じる状態をお客様満足，顧客満足（CS：Customer Satisfaction）といい，お客様に満足

第1章　品質管理

表1.4　お客様の例

- **高速道路の補修を行う会社**にとって，高速道路を利用する*ドライバーがお客様*である．
- 年金事務所の**国民年金課の職員**にとって，*年金を支払う人，年金を受け取る人がお客様*である．
- 工場の製造ラインで**設備メンテナンスを担当する人**にとって，*製造ラインのオペレーターがお客様*である．
- 製造会社で**原料や機械などを購入する購買部門**にとって，それらを使って製品を製造する*製造部門がお客様*である．
- **図書館の司書**にとって，目的の書籍を探している*利用者がお客様*である．
- 社内の**品質管理セミナーの講師**にとって，品質管理の習得を目的にして*セミナーを受講している社員がお客様*である．
- **運送業者**にとって，品物を安全確実に配送するサービスを提供している*発送元とお届け先の両方がお客様*である．
- 光学製品の工場における部品の**受入検査係**にとって，不適合品が組立工程に流れた場合には不適合品の除去のためのラインの停止などの原因になる可能性もあるので，後工程である光学機器の*組立工程がお客様*である．
- 鋳物工場における原料のくず鉄などを溶かす**溶解工程**にとって，溶けた鉄の温度や不純物成分によって鋳物の品質が変動するので，これを鋳型に流し込んで固める*鋳造工程がお客様*である．
- 薬品会社で**防虫**を担当する者にとって，防虫のサービスを提供している先である*薬品製造工場がお客様*である．
- **会社の経理部門**にとって，各種の経理情報から経営の判断を下すことになるので，*経営者がお客様*である．
- **企業のIR（企業の情報を自発的に開示すること）部門**にとっては，経営方針，経営成績，財務状況などの情報を提供する*投資家がお客様*である．

いただける程度をお客様満足度または顧客満足度という．

1.4.2 ねらいの品質

お客様の要求する品質を実現するためには，まずお客様の要望をよく聞くことが重要である．これらお客様の製品やサービスに対する期待・要望などの収集，解析を進める活動を「お客様の声（VOC：Voice Of Customer）を聞く」という．

さらに，お客様の期待・要望の解析結果に基づき，お客様の立場に立って，製品やサービスのあるべき姿，ありたい姿，すなわち製造する品質特性の目標を設定していくことが重要である．これを「"**ねらいの品質**"を設定する」という．

1.5 問題と課題

「あるべき姿」と「現状の姿」の差（ギャップ）を"**問題**"という．すなわち，お客様の立場に立って製品やサービスの「あるべき姿」や「実現したい姿」を明確にし，一方で，実際の現在の状況を「現状の姿」として把握して，両者の間に差があるかどうかを検討することがまず必要であり，差があった場合にはそれを問題と捉える．

問題の意味を図示すると図1.3のようになる．

ある工程で，以前は収率が95％で長期間安定していたにもかかわらず，ここ数ヵ月は90％に低下したとすると，本来あるべき収率が95％であるのに対し，現状の収率が90％ということになり，その差の5％が問題であるといえる．

一方，将来においてありたい姿と現状の姿の差を"**課題**"と呼ぶことがある（図1.4参照）．具体的には新規事業の開拓や新商品の開発，挑戦的な目標などがあげられる．

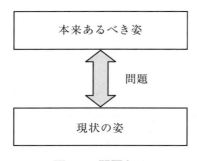
図1.3 問題とは

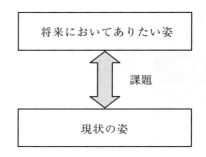
図1.4 課題とは

　ある会社が海外に工場を新設することになった．ここでは，日本の設備メーカーから新鋭の設備を導入してラインを編成し，収率99％を目標にしている．この場合，新工場においてありたい収率である99％と現状との差が課題である．

　「問題がない」ことが問題であるといわれるように，私たちが仕事を進めるうえでは必ず問題がある．問題を解決する進め方については，問題解決型（QCストーリー）による方法が有効である．詳細は第3章にて述べる．

1.6　苦情・クレーム

　"苦情"とは，製品または苦情対応プロセスに関して，組織に対する不満足の表現で，その対応または解決が期待されているものをいう．

　「お客様が製品に対して不満足であることを申し立てること」を"苦情"というが，さらに，この苦情に対する対応が不満足であることを申し立てる場合も"苦情"という．

　また，自身の被った損害を説明して，その損害に対して責任のある相手に，損害の補償を求めることを**"クレーム"**という．

　お客様からの苦情があった場合は，ただちに処置をとる必要がある．処

置には**応急対策**と**再発防止**がある．表1.5に具体的な苦情処理の例を示す．
　企業では，苦情処理のための手順を規定したり，すべての苦情を記録することなどが行われている．

表1.5　苦情処理の例

ステップ	具 体 例
苦情の申し立て	「クッキーの袋に異物が混入していた」とのお客様からの申し立てがあった．
↓ 応急対策	ただちにお客様のところに伺い，お詫びし新品と交換した． 在庫品を調べ，同様の不適合品がないことを確認した．
↓ 原因究明	異物を分析したところ，製品切り替え前に製造していた別の種類のクッキーのかけらがラインに残っており，これが混入したものと判明．
↓ 再発防止① (問題の発見された作業，プロセスに対する再発防止)	製品切り替え時の作業標準に，ラインコンベアの分解清掃作業を追加し，その作業の教育・訓練を行った．
↓ 再発防止② (同類作業，プロセスに対する再発防止)	同様のラインを使用しているビスケットの製造設備でも同様の作業標準の改定を行った．
↓ 再発防止③ (仕事の仕組み，プロセスに対する再発防止)	製品切り替えなど工程に大きな変化がある場合の作業標準の作成にあたっては，現場で現物を確認して作成し，チェックする仕組みに変更した．

第1章　品質管理

第1章のポイント

(1) 品質とその重要性

"**品質**"とは,「対象に本来備わっている特性の集まりが,要求事項を満たす程度」をいう．すなわち,製品やサービスの品質とは,その製品やサービスがその使用目的をどの程度満たしているかの程度である．お客様は品質に関して,さまざまなことを期待する．お客様が考える品質を企業が実現するためには,お客様が期待されていることをよく聞いて(調べて),お客様の立場に立って製品やサービスのあるべき姿を明確にする必要がある．

(2) 品質優先の考え方

製造会社などの組織では,組織をあげて品質を優先するという考え方が重要である．

(3) 品質管理

"**品質管理**"とは,「顧客の要求や欲望を把握し,これらを満たす製品を開発・製造し,販売していくということで,品質をお客様のいろいろな期待に応えるものにするとともに,製品やサービスの品質を一定に保つための活動」である．

(4) お客様満足

"**お客様**"とは,「顧客のこと」であり,製品を受け取る組織または人をいう．消費者,依頼人,エンドユーザ,小売業者,受益者,購入者などがある．品質管理では,製品やサービスを提供する先である「顧客」を大切に考える．「顧客」のことを「お客様」ということがある．社外の顧客だけでなく,社内の人もお客様と考える．「後工程はお客様」という言い方で,社内の関係する部署を大切にする．このように組織全体でお客様を大事にすることが品質管理では重要である．

品質は広い意味で,お客様に満足していただける程度といいかえられる．これを"**お客様満足**"(CS：Customer Satisfaction)という．

（5） 問題と課題

「あるべき姿」と「現状の姿」の差（ギャップ）を"**問題**"という．すなわち，お客様の立場に立って製品やサービスの「あるべき姿」や「実現したい姿」を明確にし，一方で，現在の状況を「現状の姿」として把握して，両者の間に差があるかどうかを検討することがまず必要であり，差があった場合にはそれを問題と捉える．

一方，「将来においてありたい姿と現状の姿の差」を"**課題**"と呼ぶ．

（6） 苦情・クレーム

"**苦情**"とは，製品または苦情対応プロセスに関して，組織に対する不満足の表現で，その対応または解決が期待されているものをいう．

苦情のうち，補償などを求めているものを"**クレーム**"という．

第 2 章

管理

第2章 管理

2.1 管理活動

　私たちは，お客様に対して良い製品やサービスを作り出すために，良い仕事をしなければならない．このためには，標準やマニュアルに従って作業し，ばらつきの小さい結果を生み出す仕事をすることが求められている．これを"**維持活動**"という．そのためには，作業などについての教育・訓練が欠かせない．

　これとは別に，現在の製品やサービスの品質を良くしたり，原価を下げたり，仕事の納期を早めたりするために，仕事のやり方を良いほうに改めることも求められている．これを"**改善活動**"という．このためには作業のための技能を向上させることも大切である（改善活動の詳細は第3章を参照）．

　このように，私たちは仕事において，維持だけでなく改善も求められており，仕事を効果的に効率よく進めなければならない．これが"**管理活動**"である．つまり，"**管理活動**"には，維持活動と改善活動の両方が含まれている（表2.1 参照）．

　"**管理**"という言葉は，いろいろな場合に使われるが，辞書によると「統轄し，処理すること．良い状態を保つこと．とりしきること」（広辞苑：岩波書店）となっている．もっとわかりやすくいうと，「良いねらいを定めて，そのねらいどおりとすること」といえる．

表 2.1　改善活動と維持活動の違いと具体的な例

	活動	定　義	具体的な例
管理活動	改善活動	物事の悪いところを改めて良くすること	健康診断で体重が適正でない（太り過ぎ）と指摘されたので，食事の量と内容を変え，運動量を増やして，適正な体重にまで減量した．
	維持活動	物事の良い状態を保ち続けること	適正な体重を持続するため，日々の食事と運動のバランスを考慮し，毎日の体重測定を続ける．

"管理"という言葉を,「決められたとおりに仕事がやられているかを監視,チェック,統制すること」(英語でいうと"コントロール")という狭い意味で使う場合もあるが,品質管理では上記のように広い意味(英語でいうと"マネジメント")で使用する.

"管理活動"とは,「ある目的を継続的に効率よく達成するために必要なすべての活動」ということができる.そのためには計画を立て,実行して,チェックを行い,処置をとる4つの機能が必要になる.このことは,2.2節で述べる「PDCAを回す」ということにほかならない.

2.2 仕事の進め方

仕事を効果的に効率よく進めるためには,仕事の管理を行うことが大切である.この管理を進めるためには,"PDCA"のサイクルを確実に回すことが必要である.そのPDCAのサイクルを図2.1に示す.

"PDCAのサイクル"とは,目的の実現のために,仕事の流れ(手順)を,

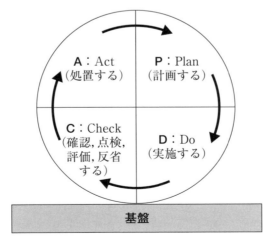

図 2.1　PDCA のサイクル

第2章 管理

P（計画する）→D（実施する）→C（確認，点検，評価，反省する）→A（処置する）の4つのステップでわかりやすく示したもので，日本の品質管理の専門家が米国のデミング博士の考え方を一般化させて使うようになったものである．いまや，品質管理の分野に限らず，あらゆる組織の基本的な仕事の進め方として，国際的にも広く認められたものとなっている．

このPDCAのサイクルに従って，仕事を4つのステップで進める場合の手順と具体的な例を表2.2に示す．

このようなPDCAのサイクルを"**管理のサイクル**"ということもある．

2.3 PDCA, SDCA

技術や作業方法が確立している場合には，その良い方法を標準（S：Standard）として与え，その標準どおり仕事を行い，その結果を確認し，これに基づき必要な処置をとることがある．この場合，PDCAのP（Plan）とSを入れ替えて，**SDCA**のサイクルを回すという．

作業の標準や検査の基準など，標準を定めて標準どおりに作業し，一定の品質が確保できるかをチェックし，標準の改訂や作業自体の改訂を行って，維持すべき標準が守られているかについての管理を行うことが，SDCAのサイクルによる管理である．

SDCAのサイクルは維持活動に，PDCAのサイクルは改善活動に対応しており，品質管理活動ではこの両方が繰り返される必要がある．しかしながら，改善活動には熱心に取り組むが，維持活動が忘れ去られている場合も多い．PDCAのサイクルとSDCAのサイクルの違いを認識する必要があり，維持活動を忘れた品質管理は，重大な品質問題の発生など，取り返しのつかない結果を招きかねない．できれば定期的に作業標準や技術標準などについて見直しをして，各標準が守られているかをチェックする必要がある．この活動によって，改善すべき標準を見い出すことができる．

標準を変えないという維持と，標準を変えるという改善は，一見矛盾す

管理 第❷章

表 2.2 PDCA のサイクルのステップ（手順）と具体的な例

ステップ	手　順	具体的な例
P（Plan）＝プラン（計画する）	**目的を考え，計画を立てる（計画を立てる前に，目的と目標があることに注意のこと）** ①目的を明確にし，特性を決める ②目標値を決める ③目標を達成する方法，仕事のやり方を決める	①就職を控えて，品質管理の基礎的な知識を身につけるために「QC検定4級」の資格を取る ②目標値：○年9月に「QC検定4級」を受験し合格する ③「4級の手引き」，「QC検定受検テキスト4級」を並行して読みとおし，「過去の出題問題」，「問題集」で理解を深める（3ヵ月，毎週土曜日に実施）
D（Do）＝ドゥ（実施する）	**決めた計画に基づき，実施する** ①決めた仕事のやり方を教育・訓練する ②決めたやり方で実施する	①計画に沿って3ヵ月間，毎週土曜日に勉強し，必要な知識を身につけた ②QC検定4級の試験を受けた
C（Check）＝チェック（確認，点検，評価，反省する）	**活動状況および結果を調べる（目標と結果を比較する）** ①計画どおりの作業が行われたかを調べる ②特性についてデータをとり，特性値が目標値とあっているかどうかを調べる	①計画どおり3ヵ月間勉強した（ただし，3ヵ月の土曜日のうち2回だけは他の用事で勉強できなかった） ②試験結果は合格であった（自己採点の結果は，80点であった）
A（Act）＝アクト（処置する）	**調べた結果に基づいて，処置をとる** ①目標どおりの結果であれば，その計画と実施が適切であったと判断し，継続する ②目標と異なる結果であれば，その原因を調べ対策をとる	①目標どおり合格し，計画と実施も適切であったと判断するので，次はレベルアップのため3級に挑戦する ②もし不合格であれば，その不合格の原因を調べ，合格のための対策を考えて，計画に反映する

第2章 管理

るが,PDCA のサイクルと SDCA のサイクルを交互に回す活動によって,さらなるレベルアップをはかることができる.この関係を図 2.2 に,その具体的な例を表 2.3 に示す.

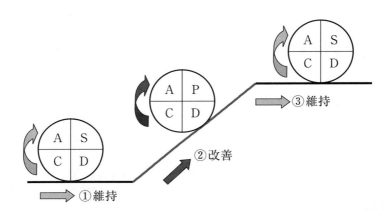

図 2.2　PDCA のサイクルと SDCA のサイクル

表 2.3　PDCA のサイクルおよび SDCA のサイクルの具体的な例

各サイクル	具体的な例
PDCA のサイクル	病院での患者の満足度を高めるために,問診表の改善,検査室と病棟の連絡の迅速化,看護師の手順の統一化などにより,検査時間を短縮した.
SDCA のサイクル	上記の検査時間短縮の改善効果を持続させるために,問診表の定期評価,申し送り表の提出・活用,看護師マニュアルの作成・維持,検査時間の定期観測などを行い,標準化と管理の定着をはかる.

2.4 管理項目

　PDCAサイクルの"C"でチェックを行う場合，"D"で実施した結果や進め方の良し悪しを客観的に評価できるように数値化した尺度（ものさし）を用意しておくとよい．このような活動の良し悪しを評価する尺度のことを**"管理項目"**という．管理項目には，結果をチェックする場合と，要因をチェックする場合があり，その表現の仕方も異なる（表2.4参照）．このような管理項目をチェックするために，目標値，管理限界，確認頻度を決める．

　用語の定義としては，"管理項目"とは「目標の達成を管理するために，評価尺度として選定した項目」であり，**"点検項目"**とは「管理項目のうち，要因をチェックする項目」である．

　表2.5に，ある製造会社の金属材料の焼鈍作業における各項目の例を示す．

　職場では，1.1.2項で述べたQ（Quality：品質，質），C（Cost：コスト，原価，費用），D（Delivery：生産量，納期，工期など）に加えて，P（Productivity：生産性），S（Safety：安全），M（Morale: 士気，Moral：倫理），

表2.4　管理項目の分類と表現例

分類	項目の表現例
結果をチェックする項目	管理点，結果系管理項目
要因をチェックする項目	点検項目，点検点，要因系管理項目

（管理項目）

表2.5　管理項目の具体的な例（金属材料の焼鈍作業）

管理項目	対象項目	目標値	管理限界	確認頻度
点検項目 （要因系管理項目）	材料温度：℃	600	580～630	作業開始時，および作業終了時
（結果系）管理項目	加工後の材料硬さ：HV	55	52～63	1個／ロット

第❷章　管理

E（Environment：環境）を含めた"**QCD＋PSME**"の7項目を総合的な品質として取り上げ，管理項目を設けていることが一般的である．その例を表2.6に示す．

表 2.6　管理項目の例

分類	管理項目の例
Q（Quality：品質，質）	不適合品発生件数，不適合品発生率
C（Cost：コスト，原価，費用）	コストダウン（原価低減）の金額，予算と実績の差異
D（Delivery：生産量，納期，工期など）	月別生産数量，納期の達成率
P（Productivity：生産性）	一人当たりの生産量，時間当たりの加工数
S（Safety：安全）	災害（けが）の発生件数，無災害継続日数
M（Morale: 士気，Moral：倫理）	出勤率，改善提案件数
E（Environment：環境）	省エネルギー達成率，廃却量削減量

第2章のポイント

(1) 管理活動(維持活動と改善活動)

"**維持活動**"とは,「標準やマニュアルに従って作業し,ばらつきのない仕事の結果を生み出すこと」である.

"**改善活動**"とは,「現在の製品やサービスの品質を良くしたり,原価を下げたり,仕事の納期を早めたりするために,仕事のやり方を良いほうに改めること」である.

この"維持活動"と"改善活動"の両方を含むのが"**管理活動**"である.

"管理活動"とは,「ある目的を継続的に効率よく達成するために必要なすべての活動」ともいえ,そのためには,PDCAのサイクルを回すことが必要である.

(2) 仕事の進め方(PDCA)

"**PDCAのサイクル**"とは,「仕事の進め方を,P(Plan:計画する)→D(Do:実施する)→C(Check:確認,点検,評価,反省する)→A(Act:処置する)の4つのステップで示したもの」で,"**管理のサイクル**"ともいう.

このPDCAのサイクルは,いまや,品質管理の分野だけでなくあらゆる分野で,海外でも使われている仕事の進め方である.

(3) PDCAとSDCA

PDCAのサイクルのPをS(Standardize:標準化)に置き換えたものを"**SDCAのサイクル**"という.

これは,「確立している良い方法を標準(S)として与え,S→D→C→Aの順序で,Dでその標準どおり仕事を行い,以下のC→Aにつなげ,管理のサイクルを回すこと」になる.

PDCAのサイクルは改善活動に,SDCAのサイクルは維持活動に対応し,両方を交互に回すことが求められている.

第2章 管理

(4) 管理項目

　"**管理項目**"とは「目標の達成を管理するために，評価尺度として選定した項目」であり，"**点検項目**"とは「管理項目のうち，要因をチェックする項目」である．

第 3 章

改善

第3章 改善

3.1 改善

3.1.1 改善とは

"改善"とは,「生産システム全体又はその部分を常に見直し,能力その他の諸量の向上を図る活動」(JIS Z 8141：2022)である.すなわち,改善(活動)は,現状での作業における問題点を発見し,改善して,より良い作業の状態を生み出す活動である.

品質管理活動では,品質の改善,工程の改善,仕事の改善など,企業の全従業員が参加して継続的に行われる.その中で多くのQC手法が使われ,またQCストーリーなどの問題解決手順が活用されている.

また"KAIZEN"という英字の言葉は,日本の品質管理における改善活動が世界的に知られるようになって,海外で使われるようになった言葉であり,この継続的な改善活動を意味する.

3.1.2 維持活動と改善活動

管理活動(第2章参照)には,維持活動と改善活動がある.

維持活動は,現在の工程などがもつ実力を目いっぱい発揮させて,それを安定した状態に維持し,異常が起こらないようにしていく活動である.

これに対し,改善活動とは,品質を向上させて能率や歩留りを上げ,不適合品(不良品)を減らし,原価の低減をはかるなど,工程の実力をいっそう高めていく活動である.

改善によって向上した品質の水準が,ある一定期間,安定した状態に管理・維持されたあと,また次の改善活動によってさらに一段と高い水準に向上していくというように,改善活動と維持活動が繰り返して行われるのが,理想の姿である.

3.1.3 継続的改善

"継続的改善"とは,「問題,または課題を設定し,問題解決,または課題達成を繰り返し行う改善」のことである.維持活動と改善活動は,技術の進歩のための重要なステップでもある.第2章でPDCA,SDCAについて学んだが,継続的改善では,これらを回しながら,標準化⇒管理(維持)⇒改善⇒標準化⇒管理(維持)⇒改善を段階的に進めていくことが求められている.

品質管理活動では,継続すること,そして,改善した再発防止の対策をきちんと標準化しておくことが重要である(標準化については第6章参照).

3.2 QCストーリー

改善活動が盛んな企業では,問題解決手順を活用して改善を行う特徴がある.その代表的な手順として,**QCストーリー**がある.

QCストーリーは,問題解決の手順(ステップ)を示したもので,データに基づく問題解決法のことである.**小集団活動(QCサークル活動)**を実施する場合でも,問題解決のときと問題解決後の発表(報告)にこのQCストーリーがよく使われる.

QCストーリーのステップのまとめ方もいくつかの例がある.代表的な例を表3.1に示す.

表3.1のステップでは,「目標の設定」と「活動計画の作成」が「現状の把握」のあとになっているが,これは問題の内容が十分に掘り下げられていないと,適切な目標や計画を立てられないというのが理由である.現実にはテーマ設定の段階で,ある程度目標や計画は頭の中で考えられているかもしれないが,現状把握が終わった段階で修正するのがよい.

「要因の解析」の段階で,要因の解析を行ったが真の原因がつかめない場合は,「現状の把握」に戻って調べ直すことも必要である.また「効果

第3章 改善

表 3.1　QC ストーリーのステップ（問題解決の手順）

	基本ステップ	主な実施事項
1	テーマの選定	● 問題点をつかむ ● テーマを決める
2	現状の把握と目標の設定	● 多面的に問題点を層別する ● 攻撃対象の特性を決める ● 目標を設定する
3	活動計画の作成	● 協力体制を確立する ● 実施事項を決め，役割分担する ● 活動計画書を作成する
4	要因の解析	● 要因を列挙し，主要因を決める ● 主要因を検証する ● 対策の対象となる項目を決める
5	対策の検討と実施	● 対策案を考え列挙する ● 対策案を選定する ● 実施計画を作成し，実施する
6	効果の確認	● 対策結果を確認する ● 目標値と比較し，達成度を把握する ● 効果(有形，無形)をつかむ
7	標準化と管理の定着	● 標準化する ● 管理方法を決める ● 新しい方法を周知徹底，教育・訓練する ● 改善効果の維持状況を確認する
8	反省と今後の対応	● 実施してきたことを反省する ● 今後の対応としてどのように取り組むかを検討する

の確認」の段階でその効果が目標に対し不十分であれば，もう一度「要因の解析」に戻ってやり直さなければならない．

　これらの各ステップを実施するうえにおいても常に PDCA の管理のサイクルを回しながら，進行上問題があるというなら，ただちに修正処置を

とり，臨機応変に対処することが大切である．

1.5節に問題と課題の違いが述べられているが，現状打破，新規業務対応，魅力的品質の創造などに対しては課題が設定され，課題達成型QCストーリーが適用される．問題と課題は，現状をベースにしていることは共通であるが，目標のとらえ方や解析のアプローチが異なる．

課題達成はこれからこのようにしたいという課題を達成するための活動であり，新たな仕事のやり方や方策を創り出していくことが必要となる．その手順を示したものが課題達成の手順である．問題解決の手順と比較したものを表3.2に示す．

表3.2 問題解決型QCストーリーと課題達成型QCストーリーの手順の比較

手順	問題解決型	課題達成型	異なる点
1	テーマの選定	テーマの選定	
2	現状の把握と目標の設定	攻め所と目標の設定	○
3	活動計画の作成	活動計画の作成	
4	要因の解析	方策の立案	○
5	対策の検討と実施	成功シナリオの追究と実施	○
6	効果の確認	効果の確認	
7	標準化と管理の定着	標準化と管理の定着	
8	反省と今後の対応	反省と今後の対応	

注1) これは標準的な手順を示したもので，問題によっては手順1，2，3が入れ替わる場合もある．

注2) 手順6で効果がない場合は，手順4へ戻り，手順4，5，6を繰り返す．

なお，単にQCストーリーと呼ぶ場合には，問題解決型QCストーリーを指す場合が多い．

3.3　3ム

"3ム"とは，「ムダ・ムラ・ムリ」の3語をまとめた表現で，現場での仕事のムリをなくすこと，仕事や品質のムラをなくすこと，そしてムダな仕事や資源・エネルギーのムダな使用をなくすことである．"ムダ"(無駄)とは，「それを行っただけの効果がないこと，無益なこと」であり，仕事の目的に対して，過剰な時間，浪費や効果のない努力をすることをいう．"ムラ"(斑)とは，「物事がそろわないこと，一定しないこと」であり，仕事のできばえがよかったり，悪かったり，ばらつきがあることをいう．"ムリ"(無理)とは，「行い難いこと」であり，目的に対して，投入する能力などが不足していることをいう．3つの語尾をとって「ダラリ」と呼ぶ場合もある．

改善の着眼点として，3ムを見つけ出し，それをなくすることを追求する．ムダの多い仕事や，品質の悪い製品の手直しや廃棄によるムダはコスト上昇の原因となる．また，ムラのある仕事は品質に不ぞろいやばらつきを生み出す．さらに仕事の進め方や日程にあまりムリがあると，働く人に疲れがでたりして品質に問題が生じる．

4Mに対する「ムダ・ムラ・ムリ」の発見リストを表3.3に示す．

表3.3 ムダ・ムラ・ムリの発見リスト

4M	ムダ	ムラ	ムリ
人	●仕事量に応じた配置になっているか ●ムダな動きはないか ●手待ちがありすぎないか	●忙しすぎたり，暇すぎたりしていないか ●熟練者と未熟練者の配置はよいか ●一方で休む時間がないのに，他方で遊んでいないか	●仕事量に対し配員が少なすぎないか ●ムリな姿勢の作業でないか ●機械で動かす仕事を人がしていないか
方法	●余分な作業をしていないか ●作業手順にムダはないか ●作業時間に余裕を見過ぎていないか	●製品によって作業が簡単になったり，難しくなったりしていないか ●日によって早く作業が終わったり，長かったりしていないか	●できないことをルール化していないか ●作業時間にムリはないか ●ムリな量をおしつけていないか
原料材料	●歩留りが低すぎないか ●まだ使えるものを捨てていないか ●電力を使いすぎていないか	●品質は安定しているか ●材質にムラはないか ●仕上がり状態にムラはないか	●強度上安全か ●設計にムリはないか ●購入品の納期にムリはないか
機械設備	●遊休設備はないか ●配置がまずくてムダが生じていないか ●機械能力以下の使い方をしていないか	●各々の装置で生産能力が平均しているか ●稼働時間が平準化しているか	●ムリな使い方をして寿命を縮めていないか ●手入れは十分か ●機械精度以上の加工を要求していないか

3.4 小集団活動とは

3.4.1 QCサークル活動

"小集団"とは,「第一線の職場で働く人々による,製品又はプロセスの改善を行う小グループ.この小集団は,QCサークルと呼ばれることがある」のことである(JIS Q 9024:2003).

企業,組織によっては,職制に基づく改善活動とは別に,職場第一線の人たちによる小集団活動が展開されている.QCサークル活動はその代表的なものである.

"QCサークル"とは,「第一線の職場で働く人々が,継続的に製品・サービス・仕事などの質の管理・改善を行う小グループ」である.この小グループは,「運営を自主的に行い,QCの考え方・手法などを活用し,創造性を発揮し,自己啓発・相互啓発をはかり」活動を進める.この活動は,「QCサークルメンバーの能力向上・自己実現,明るく活力に満ちた生きがいのある職場づくり,お客様満足の向上および社会への貢献」をめざす.経営者・管理者は,「この活動を企業の体質改善・発展に寄与させるために,人材育成・職場活性化の重要な活動として位置づけ,自らTQMなどの全社的活動を実践するとともに,人間性を尊重し全員参加をめざした指導・支援」を行う(QCサークル本部発行,『QCサークルの基本』による).

QCサークル活動は,日本経済の高度成長期にあたる1962年に日本で誕生した活動で,現場における品質管理の普及を目的とした『現場とQC』誌(現在の『QCサークル』誌)が発刊されたときに発足した.またQCサークルの普及と組織作りのために,㈶日本科学技術連盟にQCサークル本部を設置し,結成したサークルの本部登録制度を設けた.

QCサークル活動は海外でも注目され,今では80カ国/地域以上で活動が行われ,国際的なQCサークル大会も毎年開催されている.

〈QCサークル活動の基本理念〉

　QCサークル活動の基本理念は，以下のようにQCサークル活動にかかわる人々の活動に期待し，進むべき方向を示している（QCサークル本部発行，『QCサークルの基本』による）．

- 人間の能力を発揮し，無限の可能性を引き出す．
- 人間性を尊重して，生きがいのある明るい職場をつくる．
- 企業の体質改善・発展に寄与する．

　ここで"人間性"とは「人間らしさ」のことで，「自主性」と「創造性（考える）」の2つの意味が含まれている．"自主性"とは「他から指図を受けないで，自ら考えて行動すること」，"創造性"とは「自分の考えで新しく創り出すということ」である．QCサークル活動は自主性を基本として行われる．人間は自分で考え，自分の意志で仕事をするほうがやる気も出るし，成果も上がるからである．QCサークル活動は，活動を通して働く人の創意と工夫を生かす，すなわち働く人の人間性を尊重するやり方である．

3.4.2　QCサークル活動の進め方

　QCサークル活動は，改善活動を行うだけでなく，勉強することによる能力の向上や職場の活性化，さらには仕事のやりがいなどを目指して活動する小グループ活動である．QCサークルを結成して，率直に話し合い，お互いによく理解し，協力し合って，チームワークを発揮して進める．話し合いの中から職場の問題を見つけ，これまで培ってきた知識や能力に加えて業務知識を深め，さらにQC（品質管理）の考え方や手法を勉強して活用し，改善・維持を行っていく．

　改善・維持ができたら，活動の過程で話し合ったこと，勉強したこと，改善・維持の内容などをまとめ，発表する．発表することにより，上司や他の職場の仲間に認められる．

　「話し合い」，「勉強」，「改善・維持活動」，「発表」，「認められる」を繰り返すことによって，サークルはもとよりサークルメンバー一人ひとりが

第3章 改善

成長し,「QCサークル活動の基本理念」の実現に向かう.

これらの内容をステップでまとめると以下となる.

手順1 QCサークルを結成し,話し合う
 ① メンバーがお互いによく知り合う.
 ② サークルの運営について話し合う.
 ③ 職場の問題について話し合う.

手順2 業務知識やQC手法の勉強をする

手順3 活動計画を作成する
 ① 年間などの長期計画を立てる.
 ② 個別にはテーマごとの達成目標,活動の手順,メンバーの役割分担,スケジュール(実行計画)を決める.

手順4 改善・維持活動
 常に問題意識,改善意識をもち,QCストーリーに則って,QCの考え方,QC七つ道具などの手法を活用,駆使して改善・維持活動を行う.

手順5 活動結果を発表し,認めてもらう
 活動の成果を体験談としてまとめ,発表する.

この活動を継続的に繰り返すことによって,QCサークルの成長,メンバー一人ひとりの成長につながる.

3.5 重点指向とは

改善を行うときは,自分たちの身の回りの問題で,できることから改善していくことは大切である.しかし,企業の限られた人数と資金を考えると,改善活動においては,たとえ解決が少し困難であっても,企業の経営に影響の大きい問題や,結果への影響の大きい要因に対して,高い優先順位を与えて問題解決,改善に取り組んでいく考え方がより大切である.この考え方を**重点指向**という.

不適合品(不良品)の分析では原因別，項目別などで分類してパレート図(8.1.2 項参照)に表現すると，その原因の数や項目の数は一般に多いが，件数や影響度合いの大きい，重要なものはごく少数である．これをパレートの法則といい，大方の結果を支配する少数の要因を見つけて解決に取り組むことも重点指向といわれる．

　すなわち，「改善効果の大きい重点問題に着目する」という考え方で，
　① 問題がいろいろあっても，本当に重要な問題はごくわずかである
　② 重点問題を取り上げて解決すれば，同じ改善努力でも効果は大きい

ということによるものである．

　図 3.1 は，ある暖房製品において外観不適合品が多発しているので，この不適合対策に取り組むために作成したパレート図である．このようにパ

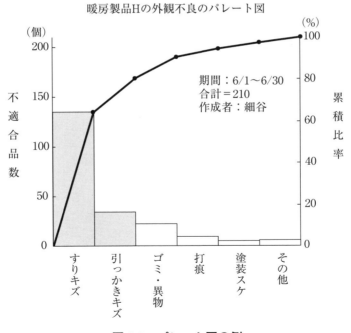

図 3.1　パレート図の例

第❸章　改善

レート図を作成すると不適合品の順位がわかる．すなわち，多くの不適合項目のうち，「すりキズ」が不適合品数全体の約 64％ を占めている．次いで「引っかきキズ」が約 16％ を占めていて，この 2 つで全体の約 80％ を占めているので，重点指向の考え方からこの 2 項目に絞って原因分析と対策に取り組むことにした．

　職場には，たくさんの問題がある．仕事の結果をばらつかせている原因は，無数にある．その中から，処置しなければならないものを取り上げて，解決していくことが重要である．しかし，限られた費用，時間，人員などのもとで，すべての要因に手を打つことは不可能であり，また効率的ではない．

　そこで，結果に大きな影響を与えている原因を追究し，それに対して処置していくことが大切である．つまり，多数軽微項目（trivial many）よりも少数重点項目（vital few）を選んで，これらを退治することが大切である．

第3章のポイント

(1) 改善

少人数のグループまたは個人で，経営システム全体またはその部分を常に見直し，能力の向上をはかる活動である．改善活動は，現状での作業における問題を発見し，問題を解決してより良い作業の状態を生み出す活動といえる．

また，改善活動は継続的に行うことが重要である．

(2) QCストーリー

"**QCストーリー**"とは，「テーマの選定」，「現状の把握と目標の設定」，「活動計画の作成」，「要因の解析」，「対策の検討と実施」，「効果の確認」，「標準化と管理の定着」，「反省と今後の対応」というステップによって構成される，QC的問題解決法である．

QCストーリーには，新規業務への対応や現状打破を行う"**課題達成型QCストーリー**"と，"**問題解決型QCストーリー**"がある．単にQCストーリーと呼ぶ場合は，問題点を見つけて解決していく後者を指す場合が多い．

(3) 3ム（ムダ，ムラ，ムリ）

ムダ，ムラ，ムリの3語をまとめた表現で，改善の着眼点として，ムダな仕事や資源・エネルギーなどのムダをなくすこと，仕事や品質のムラをなくすこと，そして仕事のムリ（無理）をなくすことを指している．

(4) 小集団活動

"**小集団活動**"はQCサークル活動とも言われ，「職場の第一線で働く人々が，自主的に製品・サービス・仕事などの質の管理・改善を行うグループ活動」である．

QCサークルを結成して，率直に話し合い，お互いによく理解し，協力し合って，チームワークを発揮して進める．話し合いの中から職場の問題を見つけ，これまで培ってきた知識や能力に加えて業務知識を深め，さらにQC（品質管理）の考え方や手法を勉強して活用し，管理・改善を行っていく．

第3章 改善

(5) 重点指向

"**重点指向**"とは,「問題解決において,とりあえず安易にできることから取り組むのでは根本的な解決はできないと考え,解決が困難でも結果への影響の大きい原因に高い優先順位を与えて,優先順位の高いものから取り上げてその解決に取り組んでいく考え方」をいう.

第4章

工程(プロセス)

第4章 工程(プロセス)

4.1 前工程と後工程

4.1.1 工程(プロセス)

　製品は,原材料が加工や組立という多くの段階を経て製品の形となる.これらの段階を工程(プロセス)という.加工や組立などの生産工程だけでなく,企画,設計,検査,販売,アフターサービスなど,これらのすべてを工程(プロセス)と考える.工程(プロセス)を有機的に機能させることが,常に時代のニーズに合った製品やサービスを安定的に供給することにつながる.また,一つひとつの工程(プロセス)を考えるときには,インプット(入力)とアウトプット(出力)を考える.生産工程では原材料がインプットになり,加工後の製品がアウトプットになる.スタッフの業務でいえば,ある時点で入手した情報などがインプットで,作成した資料や分析した情報などがアウトプットになる(表4.1参照).

　すなわち,"**工程(プロセス)**"とは,「インプットをアウトプットに変換する,相互に関連のある又は相互に作用する一連の活動」(JIS Z 8101-2:2015)のことで,"**プロセス**"とは,「インプットを使用して意図した結果を生み出す,相互に関連する又は相互に作用する一連の活動」(JIS Q 9000:2015)である.

　このように,工程(プロセス)という用語は,日本語(工程)と英語

表 4.1　プロセスのインプットとアウトプットの例

プロセス	インプット	アウトプット
設　計	顧客要求事項 法令・規制要求事項など	仕様書,図面など
購　買	仕様書,図面など	材料,部品など
生　産	材料,部品など	製品
テスト採点	答案用紙	テストの点数
調　査	調査依頼書,調査指令書など	調査結果報告書など

(process，プロセス)とで，定義が少し異なっているようであるが，元々同じ用語であり，製品・サービスのさまざまな特性に影響を与える無数の要因の集まりで，4M(人・材料・設備・方法)などから構成されている．

4.1.2 プロセス管理

"プロセス管理"とは，「結果のみを追うのではなく，プロセス(仕事のやり方)に着目し，これを管理し，仕事の仕組みとやり方を向上させることが大切である」という考え方をいう．すなわち，今回はたまたま目標を達成できたという良い結果が出たが，次回はどうなるかわからないのでは困るので，良い結果を出すためにプロセス(仕事のやり方)のPDCAをしっかり回して，なぜそういうような結果が得られたのか，良い結果を確実に効率よく出せるようにするにはどうすればよいのか，その仕事のやり方を理解しておくことが大切である．

プロセス管理のためには，目標と実績の差異についてその要因を解析して，要因系を抑え込むことが大切である．実施すべき項目には次のようなものがある．

① 現状の仕事のやり方を改善し，もっと良い仕事のやり方に改めていく．
② 標準化を重視し，良い仕事のやり方について標準を作り，守っていく．
③ 品質は，検査でなく，工程で作り込む．そのために，工程をしっかり管理する．
④ 結果だけに着目するだけでなく，結果を生むプロセスについても反省し，仕事のやり方を改め，仕事の質を向上させる．

4.1.3 前工程と後工程

自工程とは，自分が受け持っている工程であり，前工程とは，他工程からの影響で，自分の仕事に迷惑を及ぼす可能性のある工程である．また後

第4章 工程(プロセス)

工程とは，自分の仕事の結果が影響する工程である．後工程を次工程と表現する場合もある．

自工程のアウトプットは後工程のインプットになるので，自分たちの仕事の目的，結果は後工程に喜んでもらえるものでなければならない．自分たちの仕事の結果の良し悪しは後工程の満足度，あるいは迷惑度ではかられる．

4.1.4 後工程はお客様

品質管理での工程についての重要な考え方の一つは，"**後工程はお客様**"である．各工程の品質は，それ以前の工程で作り込まれた品質に大きな影響を受けるため，自工程のことだけを考えていれば良い製品が作られるわけではない．自分たちの工程のアウトプットは次の工程のインプットになるので，自分たちの仕事の目的は次の工程を含めた後工程に喜んでもらえるようなものでなければならない，つまり「後工程はお客様」であり，自分たちの仕事の良し悪しは後工程の満足度，または迷惑度で評価されることになる．次の工程を含めた後工程の品質のことも考えて，自工程の品質を作り込まなければならない．つまり，自工程の品質を評価するのは後工程であり，後工程の要望や品質には真摯に耳を傾けることで，全体としてより良い工程を作りあげることができるということである．

4.1.5 品質は工程で作り込め

品質管理における重要な考え方のもう一つに，"**品質は工程で作り込め**"という言葉がある．十分な検査を実施すれば不適合品を出荷することはないし，管理の手数を減らせば経費も削減できると考えがちである．しかし，たとえ検査で合格したとしても，お客様が使用する段階で予想もしなかった不具合が発生する可能性がある．つまり，検査だけではお客様の要求する品質レベルを完全に保証することはできない．そこで，検査のみで品質を保証するのではなく，工程でしっかりと仕事を行って不適合が出ないよ

うにすることが大切である．すなわち，すべての工程で品質を作り込む必要がある．検査で不適合品を除くことが品質管理ではなく，元から不適合品が発生しにくい工程を実現することをねらいにすべきだという考え方である．

4.2 工程の5M

4.2.1 生産の4M

　工程の要素を追究していくと，多くの場合，人・作業者(Man)，機械・設備(Machine)，原材料・部品(Material)，方法(製造方法)(Method)の4つがその構成要素になる．図4.1は製品がどのように作られていくか，一般的な製造工程のモデルを示したものである．社外から自社に原材料・部品が入ってくると，人(作業者)がそこにある機械・設備を使って，決められた(製造)方法に従って，加工，変形，反応，配合，組立などの処理をほどこしていく．このような処理をする工程が1つだけの場合や，2つまたはそれ以上つながっている場合があり，またつながり方も2つ以上に別れ

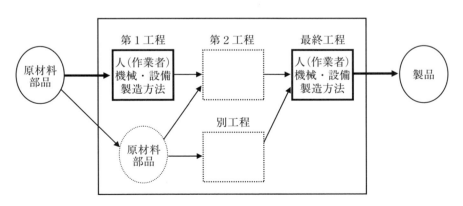

図4.1　製造工程と4M

第4章　工程(プロセス)

ている場合や，途中から新たな原材料・部品を加える場合もある．いずれにしても品物を製造するときに重要な要素として，この Man, Machine, Material, Method の 4 つがあげられる．この 4 つの要素を**生産の 4 M**，または**生産の 4 要素**と呼ぶ．

製造工程においてばらつきを生じさせないためには，この 4 M が一定であることが重要である．同じ製造工程で作られた製品であっても，その製品特性はまったく同じ値にはならない．一つひとつが少しずつ違っているが，その原因は 4 M が一定でないためである．この 4 M をうまく管理することにより，品質のばらつきを減少させることができる．

4.2.2　工程の 5 M

4.2.1 項で述べた生産の 4M に計測(Measurement)を加えて，生産の 5M または工程の 5 M という場合がある．

4.3　異常とは

4.3.1　異常

工程(プロセス)に何かが起こり，製品の品質などの結果が通常と異なっている状況を**異常**という．異常が現れた場合は，ただちに関係各部門に報告するとともに，そのプロセスを調査し，再発の防止に努めなければならない．

異常が発見された場合には，異常処置ルールに従って，速やかに**応急処置**をしなければならない．火事(異常)が起こっているときはすぐその火を消すのが大切なのと同じことである．そして，異常の発生と処置の内容を上司に報告する．緊急を要する事態，自分で処置できない場合や処置方法が不明な場合には，上司に速やかに報告・連絡・相談(ほうれんそう)を行

うべきである．さらに，異常は発生していないが発生する可能性（または兆候）がある場合なども，同様に上司に速やかに報告・連絡・相談を行う必要がある．報告は速やかに漏れなく情報を伝えなければならないので，報告すべき必要な情報を記載できるようにした報告書の書式を決めておいたほうがよい．

次に再び同じ異常が起こらないように再発防止（恒久処置，根本処置）を行わなければならない．"**再発防止**"とは，「問題の原因または原因の影響を除去して，再発しないようにする処置」（JIS Q 9024：2003）であり，「問題が発生したときに，プロセスや仕事の仕組みにおける原因を調査して取り除き，今後二度と同じ原因で問題が起きないように歯止めを行うこと」である．

異常が発生した原因が，その調査の結果，標準を守らなかったものであれば守るようにし，標準を改訂する必要がある場合は改訂し，設計に起因する場合は設計変更を行う．そして**関連処置**についても考えていかなければならない．関連処置とは，在庫，すでにお客様に渡っている分をどうするか，などに対する処置である．

4.3.2 異常値（外れ値）

"**異常値（外れ値）**"とは，「観測値の集合のうち，異なった母集団からのもの又は計測の過ちの結果である可能性を示す程度に，他と著しくかけ離れた観測値」（旧 JIS Z 8101-1：1999）をいう．

散布図（8.1.6 項参照）を作成して，図 4.2 のような集団と飛び離れた点が得られた場合，飛び離れた点は異常値（外れ値）と考えられるので，測定の誤りとか，作業条件の変更はなかったかなど，その原因を調べる必要がある．また，ヒストグラム（8.1.5 項参照）を作成して図 4.3 のような離れ小島形のヒストグラムが得られた場合，離れ小島のデータは異常値（外れ値）であると考えられるので，工程の異常，分布の異なるサンプルの混入，測定ミスなどがなかったかなど，その原因を究明しなければならない．

このように，異常値（外れ値）がデータに紛れ込む理由としては，①工程

第 4 章 工程(プロセス)

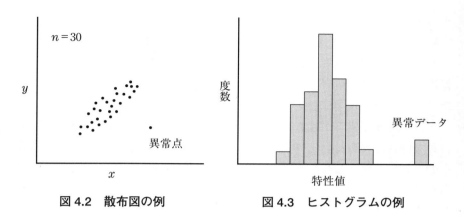

図 4.2　散布図の例　　　図 4.3　ヒストグラムの例

の異常，作業条件の変更，②測定の誤り，転記ミス，入力ミス，③不適切なサンプリング，異なったロットの混合，などが考えられる．

データをまとめるときに，異常値(外れ値)を含めて計算した場合と，それを含めないで計算をした場合とで，結果が大きく異なることがあるので異常値の取り扱いには注意を要する．

4.3.3　異常原因と偶然原因

ばらつきには異常原因によるばらつきと，偶然原因によるばらつきがある．工程のデータのばらつき具合から，その原因が異常原因によるものか偶然原因によるものかを見極めることが工程管理のポイントとなる．

"異常原因"とは，"突き止められる原因""見逃せない原因"ともいい，工程(プロセス)に何かが起こり，製品の品質など結果が通常と異なる状況を引き起こした原因のことである．たとえば，作業標準を守らなかった，材料が変わった，機械の性能が低下したなどが考えられる．

"偶然原因"とは，"避けることのできない原因""やむを得ない原因"ともいわれる．作業標準を守り，同じ品質の原料を使い，同じ条件で製造しても，製品の品質にばらつきを与える原因のことで，その原因を追究し処置をとることが現在の工程条件では技術的・経済的に困難であるものをいう．

偶然原因によるばらつきは無視してもよいが，異常原因によるばらつきは，必ず，その原因と発生している工程を特定し，二度と起こらないように異常を取り除く再発防止処置が必要である．この結果，ばらつきは低減し，安定した品質を提供させることが可能となる．

工程管理には欠かせない道具として，管理図(8.1.8項参照)がある．"**管理図**"とは，「連続した観測値もしくは群のある統計量の値を，通常は時間順またはサンプル番号順に打点した，上側管理限界線，及び／又は下側管理限界線をもつ図．打点した値の片方の管理限界方向への傾向の検出を補助するために，中心線が示される」(旧JIS Z 8101-2：1999)のことである．管理図は，工程が安定状態にあるかどうかを把握するのに用いられる有効な道具である．打点が管理限界線から飛び出たり，中心線の片側に連続して打点されたりするなど，くせのある状態のとき「工程は異常である」と判断する．管理図に異常が見つかった場合は，工程に何らかの異常が発生したと考え，その発生場所を特定し，何らかの処置を行うことが必要である．また，再び発生しないように，再発防止策もとらなければならない．

図4.4はある袋詰めの食品を毎日製造している工程から，毎日4個をサンプリングして，その4個の重さの平均値を時系列に打点した折れ線グラフである．作業標準を守り，同じ品質の原料を使い，同じ条件で製造しても，製品の品質特性はばらつくので，重さもある程度はばらつく．しかし，時系列で打点してみると，7日目は他の日より低めで，10日目は高めであることがわかる．この7日目や10日目のばらつきは，「偶然原因によるばらつき」として見逃しておいてよいのか，それとも「異常原因によるばらつき」と判断して，その発生原因を追究していく必要があるのか，人によって判断は異なってくる．

この判断を合理的に，統計的に決めるのが管理図の管理線である．図4.5は図4.4のデータから，上側管理限界線(UCL)，中心線(CL)，下側管理限界線(LCL)の値を計算して(管理線を求める公式により計算できる)，その線を書き入れた「ある袋詰め食品の重さの管理図」である．この管理図によれば，7日目の打点は下側管理限界線(LCL)よりも下側に打点されており，異常原因によりばらついて，下側に打点されるデータになったと

第 4 章　工程(プロセス)

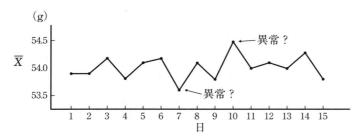

図 4.4　ある袋詰め食品の重さの折れ線グラフ

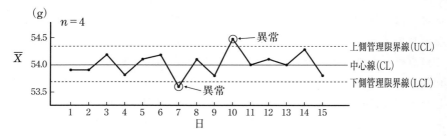

図 4.5　ある袋詰め食品の重さの管理図

判断される．同様に 10 日目の打点は上側管理限界線(UCL)よりも上側に打点されており，異常原因によりばらついて，上側に打点されるデータになったと判断される．したがって，この 7 日目と 10 日目についてはこの異常原因を追究して再発防止の処置をとることが望まれる．

　なお，工程に異常が発生した場合，人・作業者(Man)，機械・設備(Machine)，原材料・部品(Material)，方法(Method)の生産の 4 M のどこかに原因があると考えられる．このとき，4 M に基づいて特性要因図(8.1.3 項)を作成し，異常が発生した原因を検討するとよい．

第 4 章のポイント

(1) 工程(プロセス)

 "**工程**"とは,「製品またはサービスを作り出す源泉のこと」で,"**プロセス**"とは,「インプットをアウトプットに変換する,相互に関連するまたは相互に作用する一連の活動」である.一般的には工程,過程,方法など仕事のやり方,進め方をいう.

(2) プロセス管理

 "**プロセス管理**"とは,「結果のみを追うのではなく,プロセス(仕事のやり方)に着目し,これを管理し,仕事の仕組みとやり方を向上することが大切であるという考え方のこと」である.

(3) 後工程はお客様

 "**後工程はお客様**"とは,「それぞれの工程が,後工程をお客様のように考えて,それぞれの担当している業務の出来栄えについて,後工程に保証していく」という考え方であり,良い品質を実現するための組織内部における行動原理の一つである.

(4) 品質は工程で作り込め

 "**品質は工程で作り込め**"とは,「検査のみで品質を保証するのではなく,不適合が出ないような工程を作って,工程をしっかり管理していくこと」である.

(5) 工程の 5 M

 品物を製造するときに重要な要素として,人・作業者(Man),機械・設備(Machine),原材料・部品(Material),方法(製造方法)(Method)の 4 つがあげられる.この 4 つの要素を"**生産の 4 M**"または"**生産の 4 要素**"という.
 これに計測(Measurement)を加えて工程の"**5 M**"という場合もある.

第4章 工程（プロセス）

（6）異常とは

「工程（プロセス）に何かが起こり，製品の品質などの結果が通常と異なっている状況」を"**異常**"という．異常が現れた場合は，ただちに関係各部門に報告するとともに，そのプロセスを調査し，再発の防止に努めなければならない．

（7） 異常原因と偶然原因

"**異常原因**"とは，「"突き止められる原因" "見逃せない原因"ともいい，工程（プロセス）に何かが起こり，製品の品質など結果が通常と異なる状況を引き起こした原因のこと」である．

"**偶然原因**"とは，「"避けることのできない原因" "やむを得ない原因"ともいわれる．作業標準を守り，同じ品質の原料を使い，同じ条件で製造しても，製品の品質にばらつきを与える原因のこと」で，その原因を追究し処置をとることが現在の工程条件では技術的・経済的に困難であるものをいう．

第 5 章

検査

第5章　検査

5.1　検査とは

　"検査"とは，「品物またはサービスの一つ以上の特性値に対して，測定，試験，検定，ゲージ合わせなどを行って，規定要求事項と比較して，適合しているかどうかを判定する活動」(JIS Z 8101-2：1999)をいう(なお，JIS Z 8101-2は2015年に改正され，検査の定義は，「適切な測定，試験，又はゲージ合せを伴った，観測及び判定による適合性評価」となった)であり，品物を単に測定，試験するだけでなく，ある判断基準と比較して良し悪しをはっきりさせる行為を含む．お客様に確かな品質の製品やサービスを提供することを確実にするためには，工程をしっかり管理することに加えて，製品やサービスそのものをチェックして，不適切なものを取り除くことも大切である．

　検査には，品物またはサービスの一つひとつに対して行うものと，品物またはサービスのいくつかのまとまり(ロット)に対して行うものがある．一つひとつに対しては，適合品／不適合品(良品／不良品)を判定し，ロットに対しては合格／不合格を判定する．

　"試験"とは，「品物またはサービスの特性または性質を測定，定量化，または分類するために行われる実験」であり，品物の性質を調べることでこの行為には合否判定は含まれていない．

　検査には，"試験する"ことに加えて，さらに"品質判定基準と比較する""個々の品物の適合品(良品)・不適合品(不良品)の判定する""ロットの合格・不合格を判定する"という段階が含まれている．この点で検査と試験は異なる．

　検査の目的，役割は，不適合品が後工程やお客様の手に渡らないように，品質を保証することである．したがって，検査を計画するとき，あるいは実施するときには，常にこの検査の目的が守られているかどうかを確認しておく必要がある．また，検査の計画にあたっては，検査の経済性の評価を検討しておくことが好ましい．検査の経済性は，検査を実施した場合の全費用と検査を実施しなかった場合の全損失を比較して評価する．

検査を行う行為には，
① 検査方法(試験方法，検査のやり方)を決める
② 検査を実施して判定し，不適合品の処置を行う．処置を明確にして消費者にわたらないようにする
③ 検査結果などの情報を製造部門などにフィードバックする

の3つが含まれる．

③の検査の情報には，検査の結果，得られるロットの品質(不適合品の数，不適合品率など)の情報と，検査実施中に得られる検査・測定方法(たとえば，検査標準の改善意見など)の情報がある．とくに，検査情報は迅速・的確にフィードバックすることが重要である．

5.2　適合・不適合

"**適合**"とは，「要求事項(規格，顧客などの要求事項)を満たしていること」である．また「条件・状況などに当てはまること」である．

"**不適合**"とは，「要求事項を満たしていないこと」である．また「条件・状況などに当てはまらないこと」である．

適合品は良品，不適合品は不良品と呼ばれることも多い．

適合・不適合の判定の例を以下に示す．

① A化学では樹脂フィルムを購入するために受入検査を行っている．規格はフィルム厚さが $100.0\,\mu m \pm 10.0\,\mu m$ ($90.0 \sim 110.0\,\mu m$)である．受入れ品No.1は試験の結果，厚みが$98.2\,\mu m$，受入れ品No.2は$111.4\,\mu m$であった．この結果，No.1は規格内の値であるので，適合品，No.2は規格から外れているので，不適合品である．

② B農園では，ぶどうの出荷検査を行っている．ぶどうは果実の大きさ，形状などで品質を判定する官能検査を行い，「良いもの」から「悪いもの」まで1～5等級に分け，4等級までの等級であれば適合品として出荷している．検査の結果，ぶどう1は5等級，ぶどう2は

第5章 検査

3 等級と判定された．ぶどう1は不適合品，ぶどう2は適合品である．
③ Cさんの職場では金属部品に2つの穴をあけて，後工程(次工程)に渡している．工程内検査として，2つの穴の中心間の間隔が 400.0mm ± 2.0mm (398.0 〜 402.0mm) であれば，適合品として後工程に渡す規則になっている．検査の結果，部品1は401.2mm，部品2は397.5mm であった．部品1は適合品，部品2は不適合品である．

5.3 ロットの合格・不合格

"**ロット**"とは，「サンプリングの対象となる母集団として本質的に同じ条件で構成された，母集団の明確に分けられた部分」をいう．

"**全数検査**"とは，「選定された特性についての，対象とするグループ内全てのアイテムに対する検査」である．

"**抜取検査**"とは，「対象とするグループからアイテムを抜き取って行う検査」である．

"**計数1回抜取検査**"とは，「ロットからサンプルをただ1回抜き取り，サンプルを試験して不適合品の数をかぞえて合格判定個数と比較し，そのロットの合格・不合格の判定を行う検査」である．

ロットの合格・不合格の例を以下に示す．

(1) D 電器ではデジタルカメラを製造しているが，それに使用するバッテリーをE社から購入することになった．そこで，バッテリーの重要特性である電圧について，受入検査を計数1回抜取検査方式で実施することにした．ロットは1ロット $N = 1000$ 個で納入される．

なるべく合格させたいロットの不適合品率の上限 P_0 を 0.3 (%)，なるべく不合格としたいロットの不適合品率の下限 p_1 を 2.5 (%) として，JIS Z 9002「計数規準型一回抜取検査」を適用すると，サンプルの大きさ $n = 200$ 個で合格判定個数 $c = 2$ 個となった．

① ロット1から200個を抜き取ってそれぞれを検査した結果，不適合

品は1個であったので，ロット1は合格とした．
② ロット2から200個を抜き取ってそれぞれを検査した結果，不適合品は2個であったので，ロット2は合格とした．
③ ロット3から200個を抜き取ってそれぞれを検査した結果，不適合品は3個であったので，ロット3は不合格として，全数(1000個)をE社に返品した．

(2) F化学では精密研磨材を製造している．その研磨材に使用する基材フィルムはG社から購入しているが，受入検査として計数1回抜取検査方式で実施することにした．ロットは1ロット2000枚で納入される．

なるべく合格させたいロットの不適合品率の上限 p_0 を 0.3 (%)，なるべく不合格としたいロットの不適合品率の下限 p_1 を 3.0 (%) として，JIS Z 9002「計数規準型一回抜取検査」を適用すると，サンプルの大きさ $n = 120$ 枚で合格判定個数 $c = 1$ 枚となった．

① ロット1から120枚を抜き取ってそれぞれを検査した結果，不適合品は0枚であったので，ロット1は合格とした．
② ロット2から120枚を抜き取ってそれぞれを検査した結果，不適合品は1枚であったので，ロット2は合格とした．なお，不適合品の1枚は返品した．
③ ロット3から120枚を抜き取ってそれぞれを検査した結果，不適合品は2枚であったので，ロット3は不合格として，フィルム全数(2000枚)をG社に返品した．

5.4 検査の種類

検査を実施するにあたっては，検査項目と検査順序，検査方法(全数検査か抜取検査かの検査方式など)，個々の検査項目に対する測定・試験の方法と判定基準，総合判定の基準，検査後の処置などを決めておく必要がある．

第5章 検査

表 5.1 検査の種類

分 類	検 査 の 例
実施する段階	受入検査(購入検査),工程内検査(中間検査,工程間検査),最終検査,出荷検査
検 査 方 法	全数検査,抜取検査,無試験検査,間接検査
検 査 の 性 質	破壊検査,非破壊検査,官能検査,自主検査
実施する場所	定位置検査,巡回検査,持込検査

検査の種類は,実施する段階,検査方法,検査の性質,実施する場所などにより,表 5.1 のように分類される.

(1) 実施する段階(生産する段階)による分類

① **受入検査**(購入検査)

原材料,部品または製品(半製品,完成品)あるいは加工を依頼したものなどについて,依頼先から提出されたロットを受け入れてよいかどうかを判定するために行う検査.とくに,依頼した先が業者など外部から購入する場合は**購入検査**という.これは,供給者に品質管理を積極的に行う意欲を高めさせるねらいがある.

社内の別の工場で製造した部品を受け入れる際に検査を行うのは,社内であっても受入の際に検査を実施しているので,受入検査にあたる.

また,この検査には,書類のみによる間接検査(証拠検査)と実際に確認する直接検査(機能検査)とがある.

② **工程内検査**(中間検査,工程間検査)

工場内において,半製品をある工程から次の工程に移動してもよいかどうかを判定するために行う検査であり,**中間検査**,**工程間検査**ともいわれる.

③ **最終検査**

できあがった品物が,製品として要求事項を満足しているかどうかを判定するために行う検査である.製品機能が設計どおりであるかど

うかを決める最後の関所である．

④ **出荷検査**
　製品を出荷する際に行う検査である．最終検査の終了後に直ちに出荷する場合には，最終検査が出荷検査であると見ることができる．また，最終検査後に，製品がいったん倉庫に保管された後に出荷される場合，改めて検査が行われることがある．この場合の検査を出荷検査といい，最終検査とは別のものとなる．出荷検査では，輸送中に破損，劣化が起こらないように梱包条件についてもチェックすることがある．発送前に注文の商品が間違いなくそろっていることを確認することは，出荷または最終検査にあたる．

(2) 検査方法による分類
① **全数検査**（5.3節参照）
② **抜取検査**（5.3節参照）
③ **無試験検査**
　他からの試験に代わる品質情報・技術情報に基づいて，サンプルの試験を省略する検査である．
④ **間接検査**
　受入検査で供給側のロットごとの検査成績を必要に応じて確認することにより，受入れ側の測定・試験を省略する検査である．

①の全数検査が必要な場合と②の抜取検査が必要な場合の判断基準を以下に示す．

〈**全数検査が必要な場合**〉
- 全数検査をしなければ品質保証ができないとき
　　製造工程が不安定で不適合品が多い場合など
- 経済的な損失が大きいとき
　　エンジン，モーター，テレビ，ビデオなど，1台でも不適合品（不良品）が入ることは許されない場合，または経済的損失が大きい場合
- 人命に影響のあるとき
　　高圧ガス容器，救命胴衣，医薬品など，不適合品（不良品）が混じれ

ば人命にかかわるおそれのある品物
- 品物一つひとつについての特性値の試験が必要なとき
  特性値に小さなばらつきがあり，これに応じた後工程での処理が必要な場合，顧客から各製品の特性値の提供要請がある場合，または法規制などで要求されている場合

〈抜取検査が必要な場合〉
- 破壊検査をするとき
  鋼材の強度試験，電球の寿命試験など，品物が壊れたり，使えなくなる場合
- 多数，多量の品物があるとき
  ビス，ナット，釘など
- 連続体，液体，粉体，流体の品物のとき
  コイル，フィルム，肥料，石油製品，鉱石，石炭など

〈抜取検査が有利な場合〉
- 検査にかかる直接的な費用が大きく，これを少なくしたいとき
- 納入者や生産者に刺激を与えたいとき
  納入者や生産者に品質を向上しなければ，ロット不合格となり，ロットが返却されるという強い刺激を与えることになる
- 製品の必要な全項目について詳しい品質情報を得たいとき

(3) 検査の性質による分類

① 破壊検査

品物を破壊するか，商品価値が下がるような方法で行う試験を伴う検査である．

たとえば，製品の寿命試験，加速劣化試験，破壊強度試験など，破壊を伴う場合は全数検査は不可能であり，抜取検査を実施するしかない．

② 非破壊検査

品物を破壊することなく，検査する方法である．すなわち，品物を試験しても破壊することなく，しかも商品価値を下げないで検査の目

的を達成する検査である．材料(製品)内部の欠陥や表面の微小なキズを，被検査物を物理的に破壊することなく検出するために，放射線，超音波，電磁誘導，蛍光染料などを利用することもある．

③ **官能検査**

機械や装置で測定できないので，人間の感覚を測定器のセンサーとして製品の品質を測定する検査であり，人間の目(視覚)・耳(聴覚)・舌(味覚)・鼻(嗅覚)・皮膚(触覚)などによって判断する検査である．

官能検査を正しく行うためには，検査員の訓練と検査環境の整備が必要である．官能検査の例を以下に示す．

- 見る　　：鋼板のキズ，部品の仕上げ面，メッキの色，塗装の色
- 聞く　　：スピーカーの音質，オルガンの音色，扇風機の異音
- 味わう：酒の味，缶詰の味，パンの味
- におう：化粧品のかおり，醤油のにおい
- さわる：布の手ざわり，肌着の感触，研磨後の仕上り表面のあらさ

④ **自主検査**

製造部門が自分たちの製造した製品について自主的に行う検査である．

製造部門が検査を行うことにより，検査結果を迅速に製造作業にフィードバックさせる，という不適合品低減の手段としてよく行われる．つまり，不適合品は後工程に流さないという考え方に基づいている．

自主検査が徹底してくると，後の検査部門の仕事は，製造部門における検査結果の確認と，それに加えて寸法や外観などいわゆる仕様書や規格に対する検査から，より消費者に近い立場での品質や機能の確認を行う方法に移行してくる．

(4) 実施する場所による分類

① **定位置検査**

一定の場所に位置を定めて行う検査のことで，通常はこの方法が多い．品物を1箇所に集めてこの方法で行うほうが経済的な場合も多い．

② **巡回検査**

検査員が製造現場を巡回して品物を検査する方法をいう．この場合

第5章 検査

は品物の検査場所への移動が不要となるので，半製品の場合などは製造時間の短縮につながる．

③ **持込検査**

生産者が品物を発注先に納入する場合，自社では検査を行わず，発注先の工場などに持ち込んで受入検査を受ける方法である．

検査 第5章

第5章のポイント

(1) 検査

"**検査**"とは,「品物またはサービスの一つ以上の特性値に対して,測定,試験,検定,ゲージ合わせなどを行って,規定要求事項と比較して,適合しているかどうかを判定する活動」である.

(2) 適合(品)

"**適合**"とは,「規定要求事項を満たしていること,また条件・状況などに当てはまること」である.良品ともいわれる.

(3) 不適合(品)(不良,不具合を含む)

"**不適合**"とは,「規定要求事項を満たしていないこと,また条件・状況などに当てはまらないこと」である.不良品ともいわれる.

(4) 全数検査

"**全数検査**"とは,「ロット中のすべての品物(検査単位)について,一つひとつ試験を行う検査のこと」である.

(5) 抜取検査

"**抜取検査**"とは,「ロットからあらかじめ定められた抜取検査方式にしたがって,サンプルをいくつか抜き取って試験し,その結果を合否判定基準と比較して,そのロットの合格・不合格を判定する検査のこと」である.

(6) 受入検査

"**受入検査**"とは,「原材料や部品または製品(半製品,完成品),一部加工品などを受け入れるときに行う検査のこと」である.とくに,外部から購入する場合は購入検査ともいう.

(7) 工程内検査

"**工程内検査**"とは,「工場内などにおいて,半製品をある工程から次の工程に移動してもよいかどうかを判定するために行う検査のこと」である.同様の意味で,中間検査,工程間検査ということもある.

第5章 検査

(8) 最終検査

"**最終検査**"とは,「できあがった品物が,製品として要求事項を満足しているかどうかを判定するために行う検査のこと」である.

(9) 出荷検査

"**出荷検査**"とは,「製品を出荷する際に行う検査のこと」である.最終検査の終了後に直ちに出荷する場合には,最終検査が出荷検査であると見なせる.

(10) 破壊検査

"**破壊検査**"とは,「品物を破壊するか,商品価値が下がるような方法で行う試験を伴う検査のこと」である.

(11) 官能検査

"**官能検査**"とは,「人間の目(視覚)・耳(聴覚)・舌(味覚)・鼻(嗅覚)・皮膚(触覚)の感覚を用いた検査のこと」である.

第6章

標準・標準化

第6章 標準・標準化

6.1 標準化とは

6.1.1 標準と標準化

　仕事を始めるときに，その仕事の内容，やり方は上司や先輩から口頭で教わることもあるが，多くの場合は作業標準書，手順書，マニュアルなどの名で呼ばれる書類に従って仕事をするはずである．このような書類は一般的に標準書といわれ，その仕事をするのに，いろいろな面からみて，その時点でもっとも適切と考えられるやり方を記述している．したがって，この標準書を守って仕事をすることは仕事をするときの基本中の基本である．

　たとえば，課せられた業務を遂行するために複数の従業員が集まったとき，その業務を遂行するための方法が明示されていなければどうなるだろうか？　各自が勝手な考えで行動したり，目標としたことが遂行できない結果に終わったり，達成できたとしても非効率な結果となってしまったりする．統一化・単純化がはかられるような最適な仕事の仕方と管理の基準を社内標準や作業標準として設定しておくことで，効率よく仕事をすることができる．

　"**標準**"とは，「関連する人々の間で利益又は利便が公正に得られるように，統一し，又は単純化する目的で，もの（生産活動の産出物）及びもの以外（組織，責任権限，システム，方法など）について定めた取決め」（JIS Z 8002：2006）であり，制定された取り決めであるともいえる．また，"**規格（Standards）**"とは，「標準のうち，物やサービスに直接関係する技術的事項（性能や仕様）を文章によって定めた取決め」をいう．

　"**標準化**"とは，「実在の問題又は起こる可能性がある問題に関して，与えられた状況において最適な秩序を得ることを目的として，共通に，かつ，繰り返して使用するための記述事項を確立する活動」（JIS Z 8002：2006）である．

　企業における標準化活動は，企業活動の全体の効率化をめざすためのも

のであり，たとえば製造工程においては安定した品質の製品を作るために，繰り返して行う作業方法などを明記した社内規格や社内標準を作成し，遵守するための活動である．

標準化は，工業生産や販売・サービスにおいて不可欠な要素である．企業活動を積極的に推進するには，企業活動における全社員が「いつ，どこで，何を，どのようにすべきか」の役割を取り決めておかなければならない．この取決めは企業が意識して設定すべきもので，設定することで企業の"管理のサイクル"を効果的に回すことができる．標準化されていなければ，仕事のばらつきが大きく，安定した品質は得られず，作業上でも多くの問題やムダが生じることになる．

6.1.2 標準化の目的

標準化の目的はどういうところにあるのか，以下に列挙する．
① 所定の目的に対して適合しているかどうか（目的適合性）
　　特定の条件の下で，複数の製品，方法またはサービスが所定の目的を果たすことである．日本産業規格（JIS）に適合した製品へのマーク表示（JISマーク制度）などがこれにあたる．
② 他のメーカーのものでも同じように使用できる（互換性）
　　製品，方法またはサービスが同じ要求事項を満たしながら，別のものに置き換えて使用できる．ボルト，ナット，蛍光灯，ランプなどに対する標準化がこれにあたる．
③ 同じように理解できる（相互理解の促進）
　　用語・記号・製図法などの共通化のように，相互理解を助けて便益をもたらすことである．安全標識，国際単位（SI）系などもこれに含まれる．
④ さまざまなサイズ，形式の統一（多様性の調整）
　　大多数の必要性を満たすように，製品や方法またはサービスのサイズ・形式を最適なものに選択することである．乾電池の単1〜単5などの標準化がこれにあたる．

⑤ 安全性

容認できない傷害のリスクを少なくすることである．

ヘルメット，シートベルトの標準化などがこれにあたる．

⑥ 障害がなく，同時に使用できる（両立性）

特定の条件の下で，複数の製品，方法またはサービスが相互に不当な影響を及ぼすことなく，それぞれの要求事項を満たしながら，ともに使用できるようにすることである．携帯電話とペースメーカーの関係などがこれにあたる．

⑦ 環境保護

製品，プロセスおよびサービスそれ自体およびその運用によって生じる容認できない被害から環境を守ることである．

⑧ 製品保護

使用中，輸送中，保管上および気候上の好ましくない条件またはその他の好ましくない条件から製品を守ることである．

6.2 業務に関する標準，品物に関する標準

6.2.1 標準と規格

6.1.1 項で述べたように，ある合理的な原理・原則に従って定められたものを"**標準**"という．標準には業務に関する標準と品物に関する標準があり，後者を"**規格**"と呼ぶことがある．しかし，一般には，標準のことを規格と表現することも多い．

6.2.2 社内標準，社内規格

"**社内標準（社内規格）**"とは，「個々の会社内で会社の運営，成果物などに関して定めた標準」（JIS Z 8002：2006）をいう．すなわち，会社や工場

標準・標準化　第6章

などで材料，部品，製品および組織，ならびに購買，製造，検査，管理などの仕事に適用することを目的に定めた標準である．作業標準も社内標準の一つである．

　企業（組織）活動を効果的・効率的に推進するためには，社内の構成員がやるべきことを，5W1H（Who, When, Where, What, Why, How），つまり「誰が，いつ，どこで，何を，何のために，どのように」が明確になるように取り決めておかなければならない．この取決めは，企業（組織）として制定し意識して守らなければならないものである．

6.2.3　社内標準化の目的

社内標準化を行う目的を以下に示す．
① 品質の安定と向上
　　顧客への信頼性の保証，品質のばらつきを抑える．
② コストの低減
　　少ない標準部品で多様化製品の開発に対処する．
　　中間製品，製品，設備，工具，試験・計測器などを抑制する．
③ 能率向上と業務の効率化
　　最適な仕事のやり方，業務のやり方をルール化する．
　　業務の手順・手続き・方法を統一化する．これは，仕事のミス低減につながる．
④ 情報伝達の手段
　　経営組織からの伝達手段，技術財産として蓄積する．効率化，管理の方法を伝達する．
⑤ 安全と衛生，健康および生命の保護
　　労働災害を未然に防止する．製品自体の安全性を確保する．
⑥ 技術の改善
　　標準作業した結果を分析し，定めた標準が適切であるかを判断して改善する．
⑦ 人材の育成

教育訓練を活用することで，従業員が仕事を効率よく理解し習得できる．

6.2.4 社内標準の体系

社内標準の体系をまとめると，次のとおりである．
① 規定(規程)
　主として，組織や業務の内容・手順・手続き・方法に関する事項について定めたもの．
② 規格
　主として，品物についての製造，検査，サービスなどの技術的事項について定めたもの．
③ 標準
　工程ごと，あるいは製品ごとに必要な技術的事項を定めたもの(技術標準)と作業条件，作業方法，管理方法，使用材料，使用設備，その他の注意事項などに関する基準を定めたもの(作業標準)がある．
④ 要領書・手順書・マニュアル
　各業務について，それを実施するときの手引き，参考，指針となるような事項をまとめたもの．
⑤ 仕様書
　材料・製品・工具・設備などについて，要求する特定の形状・構造・寸法・成分・能力・精度・性能・製造方法・試験方法などを定めたもの．

これらのうち，技術標準(技術規格)の種類の例を表 6.1 に示す．実際に表の中のどの標準を作成しているかは，各企業で異なり，名称も企業によって異なる場合がある．

6.2.5 作業標準

"作業標準"とは，「作業の目的，作業条件(使用材料，設備・器具，作業環境など)，作業方法(安全の確保を含む)，作業結果の確認方法(品質，

表 6.1 技術標準の種類(例)

分類	技術標準の例
製 品 標 準	製品規格，部品規格，補修品規格，包装規格，製品表示法
設 計 標 準	設計基準，製図規定，図面様式，図面採番法
資 材 標 準	購入部品標準，材料標準，材料規格，部品規格，部品・材料コード
製 造 標 準	工作標準，表面処理基準，作業標準，製造技術標準，型治工具規格，副資材規格，QC工程表，自主検査基準，標準時間表，設備保全基準
試験検査標準	原材料検査規格，受入検査規格，製品出荷検査規格，試験・検査要領書，設備保全標準，計測器検査規格
梱包輸送標準	包装要領書，包装材料標準，輸送規格

出典：社内標準化便覧編集委員会編，『社内標準化便覧［第2版］』，日本規格協会，1989年

数量の自己点検など)を示した標準」(JIS Z 8002：2006)である．

　職場において業務を遂行するには，その業務を遂行する方法が明示されていないと，各自がそれぞれ自分勝手な方法で業務を行う可能性がある．これでは，製品の品質や仕事の出来ばえに不ぞろいが生じることになりかねない．

　そのため，業務を安定して効率的に行うためには，それに携わる人に共通の決めごとが必要である．これが業務における標準である．

　作業標準は，製造作業について材料規格や部品規格で定められた材料・部品を加工して，製品規格で定められた品質の製品を効率的に製造するために，製造の設備，加工条件，作業方法，使用材料などを定めた，製造作業の標準の総称である．作業の標準化により，品質の安定，仕損じの防止，能率の向上，作業の安全化をはかることができる．

　作業標準は，一般に作業指図書，作業基準書，作業要領書，作業マニュアルなどとも呼ばれる．

　適切な作業標準書を作り，この標準書どおりに仕事をすれば，品質のば

第6章 標準・標準化

らつきが少なくなり，作業の効率も向上する．すなわち，個人がばらばらの方法で作業をするより，決められたルールどおりの作業を行うことで，全体としての効率が向上する．

作業標準書の作成にあたっては，具体的な行動の基準を示すものにするのがよい．また作業標準書には，異常時の処置についても必ず記述することが必要である．必要に応じてその見直しと改訂を行う．その際，不要となった作業標準書を現場から確実に撤去することが大切である．

作業標準の具体的な内容としては，一般的に，a) 適用範囲，作業の目的，b) 使用原材料・部品，c) 使用設備・機器，d) 作業方法・作業条件・作業上の注意事項，e) 作業時間，f) 作業原単位，g) 作業の管理項目と管理方法，h) 規格，i) 異常の場合の処置，j) 設備，治工具の保全・点検，k) 作業人員と作業資格，などが記述されている．

作業標準を作成する場合の要点を以下に示す．

① 作業の要点をおさえてあること
　　要点を要領よく盛り込む．あまり細部まで規定しない．安全の注意事項も含む．
② 結果とやり方の両面から作業を規定すること
　　結果のみを規定しない．
③ 具体的な作業のやり方を書くこと
　　図，写真，表を併用する(読むより見るもの)．点ではなく，範囲で規定する．
④ 実行可能なものにすること
　　現在の機械，設備で可能なことにする．
⑤ 前後工程で落ちがないこと
⑥ 異常のときの処置も記入しておくこと

作業者，職場のリーダーのとるべき処置と権限を規定する．

図 6.1 に作業標準の一例を示す．作業の要点，急所・ポイントが明確に記述されている．また通常，安全上の注意事項なども記述されている．

第 6 章 標準・標準化

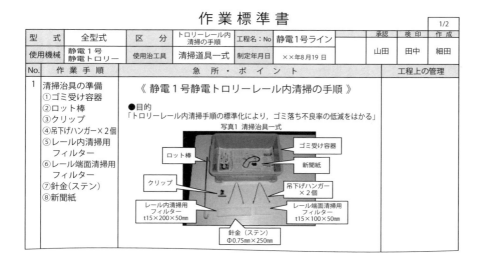

図 6.1　作業標準の一例(抜粋)

6.3　いろいろな標準

　標準を適用範囲で分類すると，社内標準と公共標準がある．公共標準には，国際規格，地域規格，国家規格，団体規格がある．

1)　国際規格

　国際市場において経済取引を円滑に行っていくには，相互理解，互換性の確保，消費者利益の確保などをはかることが重要であり，これらのいずれもが保証されなければ取引上大きな障害となる．このような障害が起こらないようにするために，また，新技術・製品の国際的普及のために，技術内容が国際的に理解できる形で共有されていることが重要であり，このために国際標準(国際規格)が制定されている．

　国際規格の代表的なものにISO (International Organization for Standardization：国際標準化機構)規格やIEC (International Electrotechnical

第6章 標準・標準化

Commission：国際電気標準会議）規格がある．

ISO 規格は，知的，科学的，技術的分野において数多く，2015年12月末で2万1千余件の規格が制定されている．「品質マネジメントシステム」の ISO 9001 は ISO 規格の一つである．

2) **地域規格**

たとえば，ヨーロッパ地域，アメリカおよび中南米地域などのそれぞれの地域標準化組織で制定され，その特定地域内で適用される規格である．しかし，アジアにはこういう地域規格は存在しない．

ヨーロッパには EN（欧州）規格，CEN（欧州標準化委員会）規格，CENELEC（欧州電気標準化委員会）規格などの地域規格がある．

3) **国家規格**

国際的な取引を前提にしている国家標準においては，国際標準との整合性が重要である．先進工業国をはじめ，工業化に力を入れている発展途上国も含めて，国家的な工業標準化活動の中でもっとも主要な活動は国家規格の作成であるが，各国の国家標準作成団体は，ISO の会員団体にもなっており，国際標準化と国家標準化は，相互に関連と調和を保ちつつ，工業標準化が進められている．

わが国では，1949年に制定された産業標準化法に基づいて，国家規格である**日本産業規格(JIS)**の制定・改廃と，その JIS に基づく認証制度である **JIS マーク表示制度**の実施という2本柱を中心に産業標準化が進められている．ISO 9001 規格を日本語に翻訳した JIS Q 9001 は JIS 規格である．なお，産業標準化法は，2019年に，標準化の対象にデータ，サービス，経営管理などが追加され，1949年に制定された「工業標準化法」の法律名が「産業標準化法」に改正されたものである．

日本産業規格(JIS)以外の国家規格としては農林物資を対象とした JAS（日本農林規格）などがある．また海外では BS（英国規格），ANSI（米国標準協会）規格，DIN（ドイツ工業規格）などが各国で制定されている．

4) **団体規格**

団体規格とは，学会などの学術団体や工業会などの事業者団体などで制定され，その会員や構成員の内部において適用される規格である．

団体規格は，国家規格と社内標準の中間にあって，国家規格を補完し，公共標準としての役割である製造業者，流通販売業者，使用・消費者の利便に供することによって社会の繁栄に寄与しようとするものである．

国内の団体規格としては，JEM（日本電機工業会規格），JEITA（電子情報技術産業協会）規格，JASO（日本自動車技術会）規格などがある．

5) **社内標準（社内規格）**

製品の品質に直接かかわるような標準・規格に関しては，国家規格などとの整合を図ることが必要である．製品を製造する各社が，勝手に標準を決定すれば，製品品質の不ぞろいにつながることにもなりかねない．

第6章　標準・標準化

第6章のポイント

(1) 標準化とは

"**標準**"とは，「関連する人々の間で利益または利便が公正に得られるように，統一し，または単純化する目的で，品物（生産活動の産出物）および業務（組織，責任権限，システム，方法など）について定めた取決め」であり，このうち，品物に関する技術的事項（性能や仕様）を文章によって定めた取決めを規格という．「規格や標準を決めて活用すること」を"**標準化**"という．

(2) 社内標準（社内規格）

"**社内標準**"とは，「会社や工場などで材料，部品，製品および組織，ならびに購買，製造，検査，管理などの仕事に適用することを目的に定めた標準」をいう．

(3) 作業標準

"**作業標準**"とは，「作業の目的，作業条件（使用材料，設備・器具，作業環境など），作業方法（安全の確保を含む），作業結果の確認方法（品質，数量の自己点検）などを示した標準」のことである．

(4) 標準の種類

標準（規格）には社内標準と公共標準がある．公共標準には，国際規格，地域規格，団体規格，国家規格がある．国家規格には，鉱工業品，データ，サービス，経営管理などの品質の改善，生産・流通・使用または消費の合理化などのために制定された"**JIS（日本産業規格）**"がある．また国際規格には，"**ISO（国際標準化機構）**"規格や"**IEC（国際電気標準会議）**"規格などがある．

第7章

事実に基づく判断

第7章 事実に基づく判断

7.1 データの基礎

7.1.1 データとは

　品質管理においては，さまざまな判断をできるだけ事実に基づいて行う．過去の経験，思い込みや勘だけに頼るのではなく，事実を"データ"として把握して，それに基づき判断するのである．ある現実（事実）を皆に理解できるように客観的な観測値や測定値に置き換えたものを"データ"と呼ぶ．このように説明すると，データとは数字で表わした数値化されたものだけかと思うかもしれない．しかし，数値化される前の事実や，定性的なものを言葉（文字）で表わしたものも，データに含まれる（7.3節参照）．ただし，本章では，主に数値化されたデータを扱う．

　同じ条件で同じ状態で作業をしたつもりでも，その時に取られた複数のデータの数値の間には，違いがあるのが普通である．これを"ばらつき"という．このようなばらつきが生じるのは，同じ条件や同じ状態といっても，コントロールしきれない種々の要因によって結果としての特性の値に違いが出るからである．したがって，少数のデータだけで工程の良否の判断をしたり，製造条件の変更や材料の見直しなどの処置を取るのは，好ましくない．

7.1.2 母集団とサンプル

　私たちは特性を測定しデータを得る．その目的は，測定された個々の対象に対して処置をすることではなく，その背後にある調査対象全体に関する情報を得て，処置を行うことにある．すなわち，この処置を行おうとする対象全体の集団を"**母集団**"といい，この母集団に関する情報を得ようとする目的をもって抜き取ったものを"**サンプル**"と呼ぶ．サンプルは，標本や試料ともいわれる．

　たとえば，選挙に関する世論調査での母集団は，有権者全体ということ

になる．また，ある製造工程からサンプルを抜き取って工程管理をしているような場合では，母集団は製造工程ということになる．

母集団からサンプルを抽出し，これらを測定することでデータが得られる．このときの母集団からサンプルを抽出することを"**サンプリング**"という．

サンプルを測定して得られたデータから，母集団の姿を捉えることがサンプリングの目的であるから，サンプルは母集団の状態をできる限り反映（代表）している必要がある．そのために，かたよりなくランダム（無作為）にサンプルをとる必要がある．このようなサンプルのとり方を"**ランダムサンプリング（無作為抽出）**"という．この場合，母集団を構成する要素が，いずれも等しい確率でサンプルに含まれることとなる．

このような関係を図式化したものを図7.1に示す．さらに母集団とサンプルの具体的な例を図7.2に示す．この例では，A高校の先生が，在籍している生徒の身長を把握したいと考えたときの，母集団とサンプルの関係を図示している．

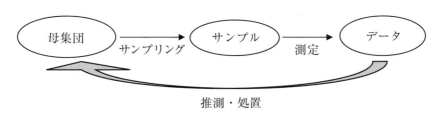

図7.1　母集団とサンプルの関係

母集団	サンプル	データ
A高校の 3年生全男子生徒 150人の身長	ランダムに 抽出した25人	25人分の 身長測定結果

全男子生徒の身長を推測

図7.2　母集団とサンプルの関係の例

第7章　事実に基づく判断

次に，以下の2つの例で，母集団とサンプルの関係を考えてみる．

⟨例7.1⟩　内閣の支持率の調査

内閣の支持率を調査する目的で，東京都内の電話帳からランダムに1,500人を抽出し，アンケートをとった．その結果，回答者1,000人のうち400人から「支持する」との回答があったので，日本国民の内閣支持率は40％と推定した．

この例では，この電話帳に掲載されている人は，大部分が東京都内の世帯主であると考えられるので，未回答者や東京都以外の在住者，電話帳に登録していない人の意見は反映されていない．調査の本来の対象（母集団）は国民全体であるので，東京都内の電話帳から"サンプリング"したのでは，母集団を代表するサンプルとはならないといえる．

⟨例7.2⟩　痛んだみかん

スーパーマーケットでざるに盛られた30個入りのみかんが売られていた．上部にある5個を手にとって眺めたところ良さそうなので，それを買って帰った．自宅で30個全部を広げてみると，ざるの上部以外の位置にあったと思われる数個が重みのためか痛んでいた．

この場合の母集団を，ざるに盛られたみかん30個と考えると，手に取りやすい上部に置いてあったみかんは，全体（母集団）を代表するサンプルではなかったといえる．

7.1.3　層別サンプリング

「サンプルの部分が様々な層から抽出され，かつ，各層が少なくとも一つのサンプリング単位をもつように抽出されるサンプリング」を"層別サンプリング"という（JIS Z 8101-2：2015）．

ここで，"層別"とは「母集団を層に分ける分割」(JIS Z 8101-2：2015)であり，"層"とは「調べている特性に関して母集団全体より均一と考えられる，互いに排反でその全体が母集団に一致する部分母集団」(JIS Z

8101-2：2015)である(詳細は，8.1.9 項を参照).

　事前に各層のサイズの比率がわかっている場合に，その比率に応じて全体のサンプルサイズを各層に割り当てることがある．このようなサンプリングを"**層別比例サンプリング**"という．各層からのサンプリングは，元の層のデータ数に比例してランダムに行う．

　図 7.2 の例で，A 高校の 3 年生の 5 クラス(電子科，デザイン科，情報処理科，商業科，国際ビジネス科)の男子生徒数が同じ(各 30 人)とすれば，各クラスから 5 人ずつの計 25 人のサンプリングを行えば，これが上記の層別比例サンプリングとなる．

　このようなサンプリングの方法では，層内が均一で層による違いがある場合，単純なランダムサンプリングに比べて，ばらつきの少ない推測ができる．

7.2　ロット

　"ロット"とは，「サンプリングの対象となる母集団として本質的に同じ条件で構成された，母集団の明確に分けられた部分」と定義されている(JIS Z 8101-2：2015)．

　ロットは，工業(製造業)の分野でよく用いられる用語で，製品，半製品，部品または原材料などの集団であり，生産や出荷の単位として用いられる．

図 7.3　ロットとサンプルの関係(抜取検査の場合)

第7章　事実に基づく判断

検査においては，ロットから抽出したサンプルの試験結果から，ロットに対する合否の判断を下す(図 7.3 参照)が，これに留まらずに工程に対する処置も検討するとよい．

7.3　データの種類(計量値, 計数値)

品質管理で取り扱う数値データの代表的なものが"計量値"と"計数値"である．その両者の違いを表 7.1 に示す．

計量値，計数値のほか，表 7.2 に示すような，さまざまなデータがある．この表に示す分類データや順位データも数値データの一種であるが，言語データは数値データではない．主に言語データを扱う手法として新 QC 七つ道具がある．

データの種類によって，統計的方法の適用の仕方が変わるので，これらの区別は重要である．以上で説明したデータの種類をまとめて，図 7.4 に表わす．

7.4　データのとり方, まとめ方

一般に，データをとるのは，母集団に関する情報を得て，それによって母集団に何らかの処置をとるためである．データをとるのに先立って，そのデータの使用目的を明確にしておくことが必要であり，それを怠るとデータが役に立たないことになる．データを使用目的によって分類すると，表 7.3 のようになる．

表 7.1　計量値と計数値

分類	定義と説明	具体的な例
計量値	・はかる（量る，測る）ことによって得られる数値データで，連続的な値をとる． ・重さ，長さ，温度，時間など．たとえば，体重 57.3 kg という場合がある．通常の体重計では，その精度からこのような値で示すことが多いが，より精度の高い秤を使えば，57.32 kg あるいは 57.324 kg のような，より正確な値が得られる．このように，計量値の数値は連続している． ・収率のように計量値／計量値（計量値を計量値で割ったもの）は連続的な値をとるので計量値である．	・鋼材の重量：2.3 t ・身長：163.7 cm ・室温：27.2℃ ・睡眠時間：7 時間 ・化学製品の収率（歩留り）：（製品重量／原料重量）× 100 = 73（%）
計数値	・数えることによって得られる数値データで，非連続的な値をとる． ・人数や個数（不適合数）など．人数で 4 人の次は 5 人であり，その間の値はとらず不連続である． ・出席率のように，計数値／計数値（計数値を計数値で割ったもの）は非連続的な値をとるので計数値である．	・学級の人数：38 人 ・不適合品数：37 個 ・故障回数：12 回 ・キズの個数：14 個 ・出席率：（出席人数／在籍人数）× 100 =（41／43）× 100 = 95.3（%） ・製品の不適合品率：（不適合品数／製品総数）× 100 = 3/65 × 100 = 4.6（%）

第7章 事実に基づく判断

表 7.2 分類データ，順位データ，言語データ

分類	定 義	具体的な例
分類データ	● 単なる分類を示すデータ	● 合格か不合格か ● 作業者の性別 ● ABO式の血液型 ● 製品の検査結果として，1級品，2級品，3級品に分類
順位データ	● 測定結果によって順序付けしたデータ	● 陸上競技の順位 ● 野球やサッカーなどのチーム成績の順位 ● 音楽コンクールの順位
言語データ	● 数値化されていない言葉（言語）を扱うデータ	● 今日の午後は，晴れであった ● 品質監査員のレベルが低い ● 話し相手がいない

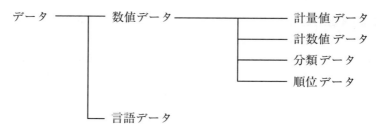

図 7.4 データの種類

表 7.3 データの使用目的の分類

使用目的	具体的な例
(1) 現状把握	部品の寸法のばらつきはどのくらいか？
(2) 解析	ある成分の含有率と製品強度との間に関係があるかどうか？
(3) 管理	ある部品は在庫切れになっていないか？
(4) 調整	材料温度は現状より上げなくてよいか？
(5) 検査	この品物を適合品と判断してよいか？
(6) 記録	（記録保存用の）製品1錠中の各成分の含有量

出典：細谷克也，『QC的ものの見方・考え方』，pp.68〜69，日科技連出版社，1984年

「データをとり，まとめる」ためには，事実を観察することから始まって，記録に残し，それを処理する手順を実施する必要がある．

その過程で，どのようなポイントがあるかを考えたものが表7.4である．

表7.4 データのとり方，まとめ方のポイント

大項目	中項目	小項目
(1) 事実を観察する	「三現主義」（現場で現物を現実的に）や「5ゲン主義」（三現主義に原理・原則を加えたもの）で観察する	①テーマをもって現場を見る． ②ばらつきという考え方で見る． ③比較してみる． ④非定常状態（休憩時，就業後，休日）のときはどうか？ ⑤誰も気がつかなかったことはないか？ ⑥（自分で）「やってみる」，（人に）「やらせてみる」． ⑦自分で体験し，体験を積み上げていく．
(2) 記録に残す	1) 事実をそのままの形で記録する（5W1Hを明確にして）	①言葉で残す→書き留める． ②音・絵で残す→録音・録画． ③事実を測って記録する（測れることが前提） 　→チェックシートにする→データ化する．
	2) 測れないものを測れるようにする	①測定方法を工夫する． ②五感を磨く→人の測定能力を高める． ③五感を超えて測る→測定技術を開発する．
(3) データをまとめる	1) 見える形に変換する（視覚に訴える）	①図示する・絵にする． ②止める（動いているものを止めて見る）． ③動かす（止まっているものを動かして見る）．
	2) 特徴・違いを浮き立たせる	①分けて見る（"層別"の考え方）． ②何かの基準と比較して見る． ③正常と異常とを区分する．

出典：松本隆，『ISO 9001に役立つTQM入門』，『アイソス』，システム規格社，2015年8月号，p.70，図表5に加筆

7.5　平均とばらつきの概念

　私たちを取り巻くすべての現象は，一定ではなく，必ず"ばらつき"がある．それは，その現象に影響する要因が多数あり，その要因が常に一定ではありえないからである．

　"ばらつき"とは，「観測値・測定結果の大きさがそろっていないこと，又は不ぞろいの程度」のことである（旧 JIS Z 8101-2：1999）．

　私たちは小学校以来，いくつかの異なる数字が与えられると平均値を計算して，得られた数字が意味するところを理解しようとしてきた．これに対して，品質管理では元来，製品のばらつきがなぜ発生するのか原因を追究し，ばらつきをコントロール（制御）しようとする．ばらつきによって，対象が均一ではなく違いを生む要因があることに気づくことも大切である．

　同じ条件や状態で作業を行っても，その結果として得られたデータはばらつく．そのためサンプルを測定して得たデータから母集団の状態を推測するときには，データの中心（平均）の状態だけでなく，ばらつきの状態も把握する必要がある．データの中心を表わすものに"**平均値**"が，データのばらつきを表わすものに"**範囲**"がある．

7.6　平均と範囲

7.6.1　平均値 $\bar{x}$

　平均値は，データ群の中心となる値で，次の式で計算される．

　n 個のデータを x_1, x_2, …, x_n とすると，"**平均値**" $\bar{x}$（エックス・バー）は以下のように求めることができる．

事実に基づく判断　第7章

$$\bar{x} = \frac{x_1 + x_2 + \cdots + x_n}{n} = \frac{\sum_{i=1}^{n} x_i}{n} = \frac{データの総和}{データの数}$$

ここに，n はデータの個数（サンプルサイズ），x_1, x_2, $\cdots$, x_n は各データを示す．

また，1番目から n 番目までを合計することを $\sum_{i=1}^{n}$ という記号で表わす．$i=1$ や n を省略して，単に $\sum$ （ギリシャ文字でシグマと呼ぶ）と記すこともある．

平均値は通常データ数 n が20個くらいまでなら測定値の1桁下まで求め，20個以上の場合は2桁下まで求めるのが一般的である．

7.6.2　範囲 R

1組のデータの中の最大値と最小値の差を"**範囲**" R（アール）"という．範囲 R は，次の式で計算される．

　　範囲 R ＝最大値－最小値＝ $x_{max} - x_{min}$

ここで，最大値を x_{max}（エックス・マックス），最小値を x_{min}（エックス・ミニマム）と書く．

〈例7.3〉　平均値と範囲の計算

自宅の家庭菜園にある3株のミニトマトから，ランダムにとった6個のミニトマトの重量を測ったら，以下の結果が得られた．

重量(g)	14	11	16	11	13	9

第7章 事実に基づく判断

$$\text{平均値}\ \overline{x} = \frac{\text{データの総和}}{\text{データ数}} = \frac{\sum x_i}{n} = \frac{14+11+16+11+13+9}{6}$$

$$= \frac{74}{6} = 12.3\,(\text{g})$$

$$\text{範囲}\ R = \text{最大値} - \text{最小値} = x_{\max} - x_{\min} = 16 - 9 = 7\,(\text{g})$$

したがって,同じ条件(同一品種,株の植え時期,土壌,水まき,摘み取り時期など)で栽培したつもりのミニトマトでも,7gもばらついていたことになる.この結果を有効に活用するためには,このばらつきの原因を考えることが大切である.ばらつきの原因としては,日当たり,株の位置(植えた場所)などが影響しているかもしれない.

第7章のポイント

(1) データとその意味

　品質管理においては，過去の技術や経験，勘だけに頼るのではなく，事実を客観的に数値化し"**データ**"として把握して，それに基づき判断する．

(2) 母集団とサンプル

　"**母集団**"とは，「処置を行おうとする対象の集団」であり，「母集団に関する情報を得ようとする目的をもって抜き取ったもの」を"**サンプル**"という．サンプルは，標本や試料ともいう．

　「母集団からサンプルを抽出すること」を"**サンプリング**"という．

　サンプルは母集団の状態をできる限り反映（代表）している必要があり，かたよりなくランダム（無作為）にサンプリングすることが大切である．

(3) ロット

　"**ロット**"とは，「サンプリングの対象となる母集団として，本質的に同じ条件で構成された，母集団の的確に分けられた部分」であり，生産や出荷の単位として用いられる．

(4) 計量値・計数値

　品質管理で取り扱う代表的な数値データに"**計量値**"と"**計数値**"がある．"**計量値**"は，「はかる（量る，測る）ことによって得られる数値データで，連続的な値をとる」．"**計数値**"は，「数えることによって得られる数値データで，非連続的な値をとる」．

(5) データのとり方，まとめ方

　データをとり，まとめるためには，事実を"三現主義"で観察することから始まって，ありのままの測定をして記録に残し，それを見える形に変換する必要がある．

第7章 事実に基づく判断

（6） 平均と範囲

　サンプルを測定して得たデータから母集団の状態を推測するときには，データの中心（平均）だけでなく，ばらつきの状態も把握する必要がある．このときに以下の式を用いて，**平均値**と**範囲**の値を求める．

　平均値 $\bar{x}$（エックス・バー）＝データの総和／データの数

　範囲 R（アール）＝最大値－最小値

第 8 章
データの活用と見方

第8章 データの活用と見方

8.1 QC七つ道具

8.1.1 QC七つ道具とは

　品質管理では，「事実をよく見る」，「データでものをいう」などの格言のとおり，ファクトコントロール，いわゆる「事実に基づく管理」を重視しており，これを具現化する基礎的な手法の一つに，QC七つ道具がある．

　QC七つ道具は，パレート図，特性要因図，チェックシート，ヒストグラム，散布図，グラフ，管理図のことをいう（表 8.1 参照）．なお，グラフと管理図をまとめて1つとし，その代わりに層別を入れて，QC七つ道具としているものもある．層別とは，データを共通点，クセ，特徴，履歴などにより，いくつかのグループ（層という）に分け，その層間の差を知って，

表8.1　QC七つ道具とその使い方

手法名	使い方
パレート図	不適合件数または損失金額が多い項目に絞って改善する．すなわち，重点指向するために使用する．棒グラフと折れ線グラフで構成される．
特性要因図	結果（特性）に対するさまざまな原因（要因）を洗い出すために使用する．
チェックシート	必要なデータを簡単にチェックするだけで収集・整理したり，点検・確認を漏れなく手順よく実施するために使用する．
ヒストグラム	特性値の分布の中心とばらつき具合を見るために使用する．
散布図	要因と特性の関係，特性と特性の関係，1つの特性に対する要因と要因の関係などを見るために，対になったデータを打点し，その点の分布の状況から相関関係を判断するために使用する．
グラフ	データを視覚化して，目で見て，数量の大小や数量の時間的な変化の状態などを知るために使用する．
管理図	管理する特性の異常を見つけ，処置をとり，安定状態を維持するために使用する．異常の判定には管理限界線を使用する．

解決の糸口を見つけるために使用するものである.

8.1.2 パレート図

"パレート図"とは,「職場で問題となっている不良品(不適合品)や欠点(不適合),クレーム,事故などを,その現象や原因別に分類してデータをとり,不良個数(不適合品数)や損失金額などの多い順に並べて,その大きさをグラフで表わした図」である.

パレート図は,次のようなポイントで見ることが大切である.
① もっとも大きな問題はどの項目か.
② 問題の大きさの順序はどうか.
③ ある項目の全体に対する占有率はどうか.
④ どの項目を改善すればよいのか.

〈例8.1〉 切削加工品Aの不適合項目別パレート図

図8.1の切削加工品Aの不適合項目別パレート図で,不適合品数のトッ

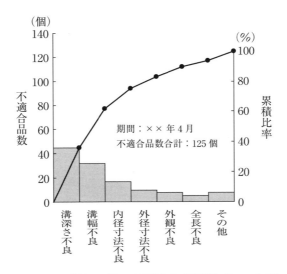

図8.1 切削加工品Aの不適合項目別パレート図

プの項目は「溝深さ不良」で全体の約35％を占めており，第2位が「溝幅不良」で全体の約25％を占めている．第2番目までの項目で全体の約60％を占めていることになる．

第3位が「内径寸法不良」で全体の約15％を占めており，これを含めると，全体の約75％を占めることになる．

〈例8.2〉 改善対策効果を示すパレート図

図8.2は改善前（図8.1参照）とその改善後のパレート図を示す．改善前は，トップが「溝深さ不良」，2位が「溝幅不良」であったが，改善により減少し，それぞれ3位，6位となった．不適合品数は，全体では125個→59個と削減することができ，その効果を視覚的に表わすことができた．

また，改善前後のパレート図を並べて描くことで，改善により悪くなっている項目があればそれを確認することができる．

〈例8.3〉 特性を不適合品数と損失金額とした場合の比較例

図8.3の不適合品数のパレート図（左側）では，トップから5番目までの項目間で不適合品数に大きな差は見られないが，損失金額のパレート図

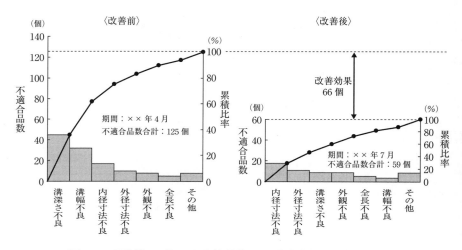

図8.2　切削加工品Aの改善前後の不適合項目別パレート図

データの活用と見方　第8章

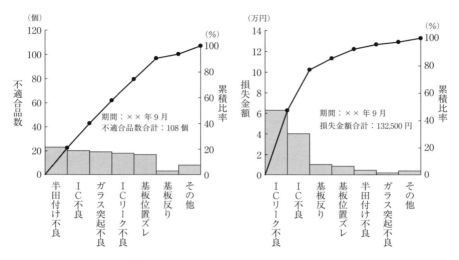

図 8.3　印字用部品の不適合品数と損失金額のパレート図

(右側)では，トップ項目が「IC リーク不良」，2 番目が「IC 不良」で，全体の約 80% を占めることがわかる．そこで「IC リーク不良」「IC 不良」の 2 項目に絞って改善することにした．

8.1.3　特性要因図

"特性要因図"とは，「いま問題としている特性(結果)とそれに影響を及ぼしていると思われる要因(原因)との関連を整理して，魚の骨のような図に体系的にまとめたもの」である．大骨，中骨，小骨と魚の骨に模して展開記載するので，海外では"Fish Bone Diagram"と呼ばれる．また，考案者である石川馨先生の名前をとって"Ishikawa Diagram"とも呼ばれる．

特性要因図は，結果に影響する重要な要因を見つけるために利用される．その例を図 8.4 に示す．

〈例 8.4〉　「加工工程での不適合品」の特性要因図

図 8.4 は，エアコンのパネル部の「加工工程での不適合品が多い」につ

93

第8章 データの活用と見方

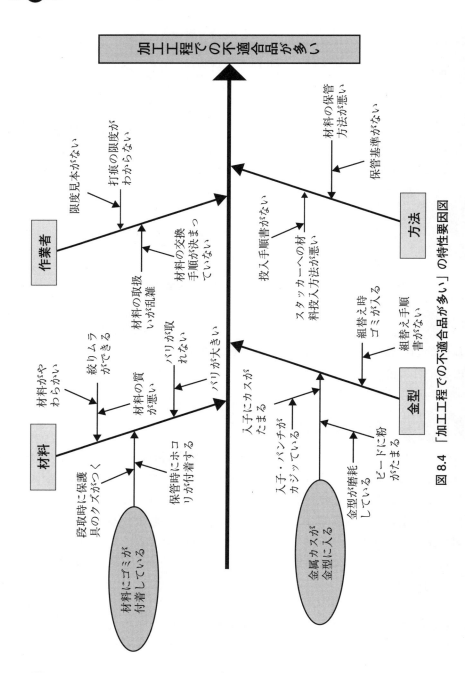

図 8.4 「加工工程での不適合品が多い」の特性要因図

いて作成した特性要因図である．材料では，「材料にゴミが付着している」，金型では，「金属カスが金型に入る」が要因と考えられるので，これについて仮説を立て調査することにした．

8.1.4 チェックシート

"チェックシート"とは，「データが簡単にとれ，しかもそのデータが整理しやすいように，あらかじめ設計してあるシート（様式）のこと」である．

大きく分けると，チェックシートには調査用と点検確認用がある．調査用には，工程分布調査用，不良（不適合）項目調査用，欠点（不適合）発生位置調査用，不良（不適合）要因調査用のチェックシートがあり，点検確認用には，点検確認用チェックシートがある．

(1) 工程分布調査用チェックシート

"工程分布調査用チェックシート"とは，「測定したデータをいちいち数値で記入する代わりに，あらかじめ特性値を区間分けしておき，データが得られるたびに，/，//，///，////，∦などとマークしていき，測定が終わったときにはヒストグラムができ上がるように示したもの」である．その例を図8.5に示す．

図8.5から，規格（1.000 ± 0.005mm）の上限，下限の両側とも外れたデータが存在し，不適合品が発生していることがわかる．一番度数が高いのは，0.999mmの15個である．

(2) 不良（不適合）項目調査用チェックシート

"不良（不適合）項目調査用チェックシート"とは，「あらかじめ発生すると考えられる主な不良項目を用紙に記入しておき，不良などが発生するたびにその内容を該当する不良項目欄に✓や∦のチェックマークを入れていくもの」である．その例を図8.6に示す．

図8.6から，不良（不適合）が1番多い項目は「ワイヤー外れ」の21件であり，2番目が「DB位置ズレ」の14件，3番目が「ワイヤーショート」

第8章 データの活用と見方

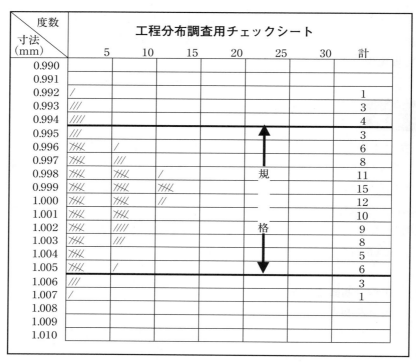

図 8.5　シャフトの外形寸法の工程分布調査用チェックシート

図 8.6　IC チップ配線工程の不良（不適合）項目調査用チェックシート

の 10 件であることがわかる．

(3) 欠点（不適合）発生位置調査用チェックシート

"欠点（不適合）発生位置調査用チェックシート"とは，「製品のスケッチを用意しておいて，これに欠点の位置をチェックしていくもの」である．その例を図 8.7 に示す．

図 8.7 から，両側のコーナーに打痕が集中しているのがわかる．現品を確認したところ，打痕が集中している箇所は角張っており，打痕がつきやすいことが判明した．

(4) 不良（不適合）要因調査用チェックシート

"不良（不適合）要因調査用チェックシート"とは，「各不良（不適合）項目の発生状況を機械別，作業者別，作業方法別，材料別，時間別などに層別して記録をとることによって，不良発生要因をつかむときに用いるもの」である．その例を図 8.8 に示す．

図 8.8 から，「部品位置ズレ」は 1 号機で毎日発生しているのがわかる．「部品装着なし」は，12 月 7 日に 2 号機で集中して発生している．3 号機

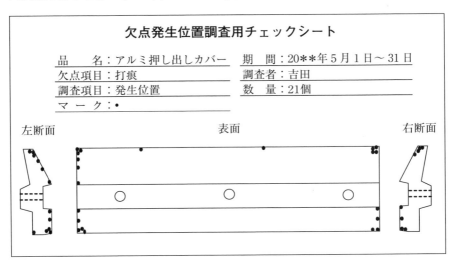

図 8.7　アルミ押し出しカバーの欠点（不適合）発生位置調査用チェックシート

第8章 データの活用と見方

製造号機	12月5日 (月曜日)	12月6日 (火曜日)	12月7日 (水曜日)	12月8日 (木曜日)	12月9日 (金曜日)
1号機	○○○○ ○○○○ △	○○○ ○○○ ○ △△ ×	○○○○ ○○○ △ ×	○○○○ ○ △△	○○○○○ ○○○○ ○○○○ △△ ×
2号機	○△×	○○	○○○○○ △△△△△ △△△△△ △△△△△ △△△△△ △△△△△	○	○
3号機	○×		○×		

(注) ○：部品位置ズレ，△：部品装着なし，×：その他

図 8.8 電子部品自動組立機のチョコ停に関する不良(不適合)要因調査用チェックシート

は，1号機，2号機に比べ，チョコ停の件数が少ない．このように層別することで，原因を究明するための糸口を見つけることができる．

(5) 点検確認用チェックシート

"点検確認用チェックシート"とは，「点検・確認事項をもれなくチェックするためのものであり，用紙にあらかじめ点検すべき項目を全部記入しておき，項目ごとにチェックしていくもの」である．その例を図 8.9 に示す．

図 8.9 からは，最後に部屋を退出するときに，点検項目が忘れずに確認できていることがわかる．

8.1.5 ヒストグラム

"ヒストグラム"とは，「データの存在する範囲をいくつかの区間に分け，

データの活用と見方 第8章

退出時の点検確認用チェックシート

7 月度　　　　　　　　　　　　　　場　所：品質保証センター検査室

日	最終退出者	パソコンOFF	窓の施錠	エアコンOFF	電灯OFF	部屋の施錠	鍵の返却
1	吉田	✓	✓	✓	✓	✓	✓
2	吉田	✓	✓	✓	✓	✓	✓
3	松井	✓	✓	✓	✓	✓	✓
4	今井	✓	✓	✓	✓	✓	✓
5							
6							
30							
31							

図 8.9　退出時の点検確認用チェックシート

各区間に入るデータの出現度数を数えて度数表を作り，これを図にしたもの」である．

ヒストグラムを見るとき，下記のポイントに着目する．
① 分布の形を調べる．
② 分布の中心位置を調べる．
③ 分布のばらつきの大きさを調べる．
④ 規格値あるいは目標値と比較する．
⑤ 飛び離れたデータの有無を見る．
⑥ 層別して比較し，改善の手がかりをつかむ．

これらにより，データがとられた元の工程や品物の集団(ロット)について役立つ情報を得ることができる．

ヒストグラムを作成したら，まず全体の形に着目し判断する．分布の形については，次の(1), (2)，表 8.2 を参考に調べればよい．

(1) 分布の姿を見る

安定した工程からとられたデータは，左右対称の一般形(富士山形，ベル形)のヒストグラムになるが，工程に異常があると，離れ小島形，ふた

第8章 データの活用と見方

表8.2 ヒストグラムの形

名称	ヒストグラムの形	形の説明	工程の状況
一般形		中心付近の度数が多く、中心から離れるに従って少なくなる。ほぼ左右対称の形をしている。	工程は安定している。
離れ小島形		ヒストグラムの右端または左端に離れた少数のデータがある。	工程の変化などで、異常があった場合に現れる。原材料の変化、機械・設備のトラブル、作業者のミスなどの原因が考えられる。
ふた山形		分布の中心付近のデータが少なく、左右に2つの山がある。	平均値の異なる2つの母集団のデータが混在している。たとえば、2台の機械で製造した製品が混じっているときなどに現れる。
歯抜け形		区間の1つおきに度数が変動している。	測定器にクセがあったり、度数表を作るときの区間の幅の設定が適切でない場合などに起こる。
絶壁形		右または左の端が切れた分布になっている。	規格外品を選別して取り除いた製品のヒストグラムなどに現れる。

山形などの不規則な形になる．ヒストグラムの姿を見ることによって工程の異常を知ることができる．

表8.2にヒストグラムの形と工程の状況をまとめる．

(2) 規格と比較する

ヒストグラムに規格値や目標値を記入すると規格外れの状況がわかる．また，規格値や目標値に対して平均値やばらつきの大きさを見ることができる．

〈例8.5〉 電子部品の膜厚のヒストグラム

図8.10のヒストグラムから，
- 分布の形は，絶壁形にも見えるが，少し形が崩れたふた山形にも見え，製造工程は安定した状態ではない．
- 平均値 $\bar{x}$ は規格の中心よりやや下限側にあるが，度数の大きい区間が規格の中心より上限側にある．

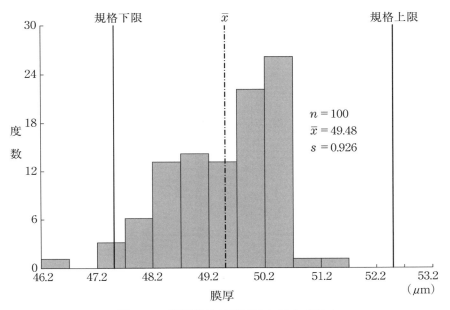

図8.10 電子部品の膜厚のヒストグラム

- 規格外れは規格の下限側にあるが，上限側にはない．
- ばらつき（6sの値）は規格の幅より大きい．

などがわかる．製造機が2台（A，B）あることがわかっており，機械で層別したヒストグラムを作成して調査を進めることにした．

8.1.6 散布図

"散布図"とは，「対（つい）になった数組のデータをとり，グラフ用紙の横軸にデータ x を，縦軸に y の値を目盛り，データをプロットしたもの」である．散布図の点の散らばり方を見て，x と y の関係の有無や，その強弱を判断できる．

散布図の見方について下記に示す．

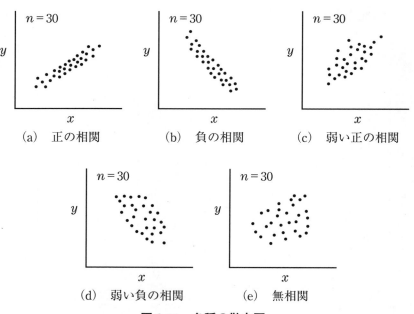

図 8.11 各種の散布図

(1) 相関関係

① x が増加すれば y も増加する関係を「**正の相関関係がある**」という（図8.11(a)）．

② x が増加すれば y は減少する関係を「**負の相関関係がある**」という（図8.11(b)）．

③ x が増加すれば y も増加する傾向が見られるが，(a)に比較して点の散らばり方が大きい．この状態を「弱い正の相関関係がある」という（図8.11(c)）．

④ (c)とは逆の関係で，「弱い負の相関関係がある」という（図8.11(d)）．

⑤ 点が全体に散らばっている．このような状態を「相関関係がない」あるいは「無相関」という（図8.11(e)）．

相関関係の有無を統計的に判断する方法として**相関係数**による方法がある．相関係数 r は -1 から $+1$ までの値をとり，-1 に近づくほど強い負の相関関係，$+1$ に近づくほど強い正の相関関係がある．-1 または $+1$ のときにはデータの点はすべて直線上にある．0 に近づくほど相関関係が弱くなる．

〈例 8.6〉 電子部品 M の入力電流と出力特性の散布図

図 8.12 では，入力電流が増加すれば，出力特性が増加することがわかる．入力電流と出力特性の間には弱い正の相関関係がある．

(2) 異常な点

集団と飛び離れた点があれば，異常な点があるという．この異常な点は，測定ミスや作業条件の変更など特別な原因が存在する場合が多い．

(3) 層別

層別により相関関係が変わることがあるので，層別の必要性について確認しておくべきである．

① 全体として相関がなさそうに見えるが，層別すると相関がある（図 8.13(a)）．

第8章 データの活用と見方

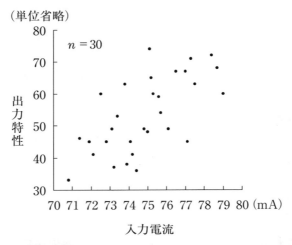

図 8.12　電子部品 M の入力電流と出力特性の散布図

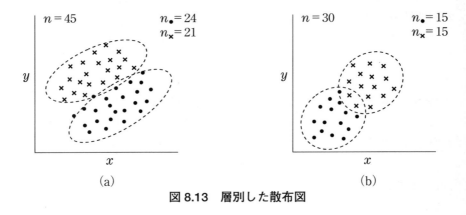

図 8.13　層別した散布図

② 全体として見れば相関がありそうに見えるが，層別すると相関がない（図 8.13(b)）．

8.1.7 グラフ

"グラフ"とは，「データを図示してひと目で結果がわかるようにしたもの」である．グラフで代表的なものを表 8.3 に示す．

表 8.3　グラフの種類

種　類	かたち	目　的
棒グラフ	図 8.14	数量の大きさを比較する．
折れ線グラフ	図 8.15	数量の時間的な変化の状態を見る．
円グラフ	図 8.16	内訳の割合を見る．
帯グラフ	図 8.17	内訳の割合を見る．2つ以上の内訳を比較する．
ガントチャート	表 8.4	時間を横軸にとり，計画や実績を表わす．
レーダーチャート	図 8.18	複数の評価項目の大きさを表わす．

(1)　棒グラフ

　棒グラフは，一定の幅の棒を並べ，その棒の長さによって数量の大小を比較するために利用する．その例を図 8.14 に示す．

　図 8.14 から，輸出，輸入ともに取引金額が多いのがアジアであることがわかる．また，輸入が輸出を上回っているのがアジア，南アメリカ，オセアニアであることもわかる．

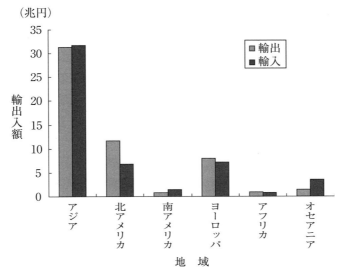

出典：総務省統計局，「日本の統計 2011」，p.201

図 8.14　地域別輸出入額(2009 年)の棒グラフ

(2) 折れ線グラフ

折れ線グラフは，時間の経過による変化を見るとともに，打点の高低で数量の大小を比較するために利用するものである．その例を図8.15に示す．

図8.15から，ブラウン管テレビと薄型テレビの普及率が2009年度でほぼ同じになり，2010年度で逆転したことがわかる．携帯電話，食器洗い機，デジタルカメラは，上昇傾向にある．ルームエアコンは横ばい状態であるが，ファンヒーターは若干の減少傾向にあることが見てとれる．

(3) 円グラフ

円グラフは，全体を円で表わし，内訳の割合を扇形に区切ったものであり，全体に対する各部分の割合，部分と部分の割合を比較するために利用する．その例を図8.16に示す．

図8.16から，アジアの人口は全体の60.3％を示していることがわかる．次にアフリカの15.0％であり，その次はヨーロッパの10.6％である．

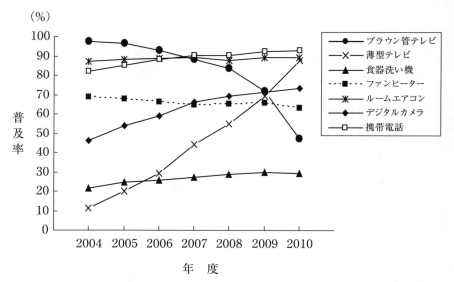

出典：内閣府経済社会総合研究所 景気統計部，「消費動向調査，2010年度3月現在」

図8.15　主要耐久消費財普及率の折れ線グラフ

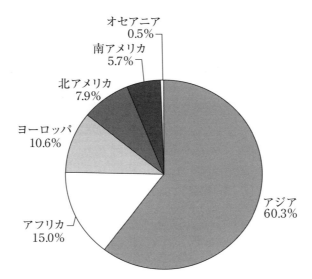

出典:総務省統計局,「世界の統計2011」資料から作成
図 8.16　世界の地域別人口(推計)の占める割合(2010年)の円グラフ

(4) 帯グラフ

　帯グラフは,全体を細長い長方形の帯の長さで表わし,それを内訳の部分に相当する長さで区切ったものであり,円グラフと同様に,全体に対する各部分の割合,部分と部分の割合を比較するために利用する.また,2つ以上の内訳を比較することができる.その例を図8.17に示す.

　図8.17から,石油製品は,2000年から2008年にかけて占有率で42.7%から30.0%となり,12.7%減少している.都市ガスは10%の増加,電力は3%の増加である.

(5) ガントチャート

　ガントチャートは,時間を横軸にとり,計画や実績を表わすために利用する.矢印を用い,各項目の開始時点,終了時点を表わす.計画とその実績を並べて表現することもできる.その例を表8.4に示す.

第8章 データの活用と見方

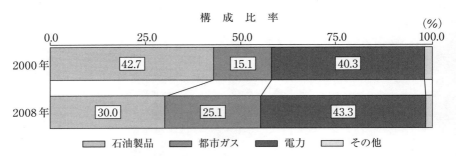

出典：総務省統計局,「日本の統計 2011」, p.154

図 8.17　業務部門エネルギー消費の帯グラフ

表 8.4　同窓会開催のための計画のガントチャート

No.	実施項目	担当	20△△年 8月	9月	10月	11月	12月	20××年 1月	2月	3月	4月	5月	6月	7月	8月
1	世話人依頼と打合せ日の決定	吉田	┅➤												
2	世話人決定と今後の実施計画の確認(打合せ)	全員		┅➤											
3	連絡先確認と参加意思確認	今井 石田			┅┅┅➤										
4	開催予定日の決定	全員					┅➤								
5	開催場所の検討	髙嶋 石田					┅➤								
6	開催日と開催場所の決定	全員						┅➤							
7	開催案内(出欠回答依頼を含む)	髙嶋 吉田							┅➤						
8	出欠確認	全員								┅➤					
9	返事のない人の確認	髙嶋 吉田										┅➤			
10	開催までの最終確認	全員											┅➤		
11	同窓会開催	全員													┅➤

　表 8.4 に同窓会開催までの実施項目とそのスケジュールが示されており，これに従って実行していけば，準備が整い，計画に従って開催できることになる．

(6) レーダーチャート

レーダーチャートは，複数の評価項目の大きさを表わすために利用する．中心点から分類項目の数だけレーダー状（放射線状）に直線を伸ばし，線の長さで数量の大きさを示す．その例を図 8.18 に示す．

図 8.18 から，国内貨物は 2000 年から 2009 年にかけて輸送指数が増加しているが，他の国内旅客，国際貨物，国際旅客は減少していることがわかる．

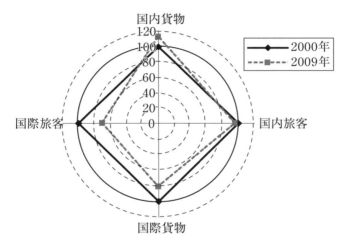

出典：総務省統計局，「日本の統計 2011」，p.166

図 8.18 輸送指数のレーダーチャート

8.1.8 管理図

"管理図"とは，「工程における偶然原因による変動と異常原因による変動を区分して，工程を管理するために考案されたものであり，1 本の中心線（CL）とその上下に合理的に決められた管理限界線（UCL：上部管理限界線，LCL：下部管理限界線）で工程の管理状態を判定できるもの」である．

第 8 章　データの活用と見方

〈管理図の見方〉

　工程の管理では，管理図によって工程が安定状態にあるかどうかを正しく判断することが重要であり，異常が発見された場合は，すぐにその原因を調査し，処置をとる必要がある．管理図には，$\overline{X}-R$ 管理図以外に，np，p，c，u，メディアン管理図などもあるが，見方については同じである．

① 安定状態の判定

　安定状態とは，工程平均やばらつきが変化しない状態のことをいう．
　1）　管理図の点が管理限界内にある．
　2）　点の並び方，ちらばり方にクセがない．
であれば，工程は安定状態と見なす．

　3シグマ法の管理図では，「工程に異常がないのに，異常があると判断してしまう誤り（第1種の誤りという）」は非常に小さくおさえてあるので（約0.3％），打点が限界外に出た場合は工程に異常があると判断してほぼ問題ない．しかし，一方「工程に異常があるのに，異常がないと判断してしまう誤り（第2種の誤りという）」もあるので，この誤りを小さくするために，点の並び方やちらばり方のクセによる判断を行う．

② 異常

　安定状態でない状態のことである．図 8.19 の管理図の異常の判定ルール（旧 JIS Z 9021：1998）に該当する場合のことをいう．

〈例 8.7〉　電子部品 H の抵抗値の $\overline{X}-R$ 管理図

　図 8.20 の $\overline{X}$ 管理図を，図 8.19 の管理図の異常の判定ルールに従って判定すると，No.2 〜 4 が連続3点中2点が A の領域（ルール5），No.6 〜 14 が9の連（9点が中心線に対して同じ側）（ルール2），No.19 が管理限界外れ（ルール1）となっており，工程は安定状態でない．

データの活用と見方　第8章

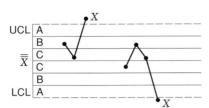

ルール1：1点が領域Aを超えている

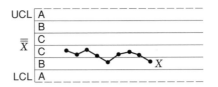

ルール2：9点が中心線に対して同じ側にある

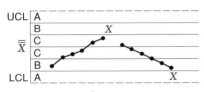

ルール3：6点が増加，または減少している

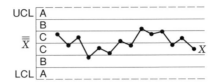

ルール4：14点が交互に増減している

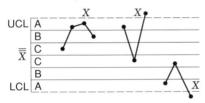

ルール5：連続する3点中2点が領域A，またはそれを超えた領域にある

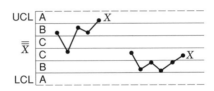

ルール6：連続する5点中4点が領域B，またはそれを超えた領域にある

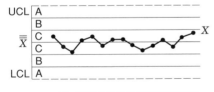

ルール7：連続する15点が領域Cに存在する

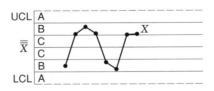

ルール8：連続する8点が領域Cを超えた領域にある

（注）　図中の A，B，C は，UCL と LCL の間を 1σ 間隔で6つの領域に分け，中心線について対称に，順次 A，B，C，C，B，A としたもの．

図 8.19　管理図の異常の判定ルール（旧 JIS Z 9021：1998）

第8章 データの活用と見方

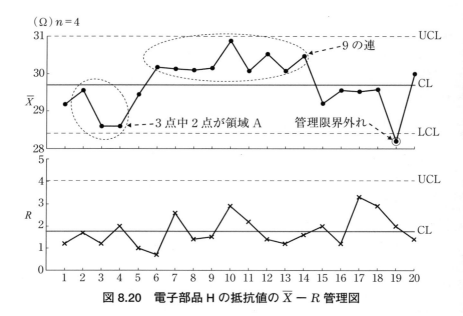

図 8.20 電子部品 H の抵抗値の $\overline{X} - R$ 管理図

8.1.9 層別

"**層別**"とは，「たくさんのデータを，そのデータのもつ特徴から，いくつかのグループ(層という)に分けること」をいう．問題を解決するために，層別して各要因をさらに細かく分けて検討すれば解決に役立つ．

データの特徴とは，データがとられた履歴(たとえば，5W1H など)をいう．

機械別または作業者別などのようにデータの履歴を調べ，共通の要因の影響を受けているものをひとまとめにし，そうでないものと区別してデータをとる方法である．

(1) 層別したパレート図

図 8.21 は，図 8.1 で説明したパレート図を機械ごとに層別したものである．機械 A では「溝深さ不良」がトップであり，機械 B では「溝幅不良」がトップであることがわかった．この差は機械の条件設定によるものであ

データの活用と見方　第8章

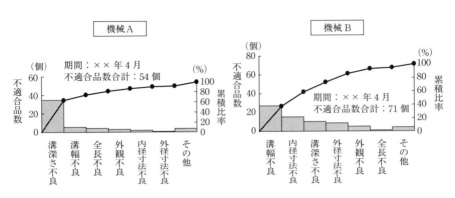

図 8.21　層別したパレート図（図 8.1 を機械別に層別したもの）

り，比較調査して，それぞれの条件の良いところを合わせることで，8.1.1 項の図 8.2 の改善後のパレート図のように改善することができた．

(2) 層別したヒストグラム

図 8.22 の層別したヒストグラムを比較して，以下のことがわかった．

- 規格下限で規格外れが発生していたものは機械 D で発生したものであった．また，機械 D は，ばらつきが大きく，平均値 $\bar{x}$ は規格の下限側へずれていた．
  - → ばらつきを小さくするとともに，平均値も規格の中心に近づける必要がある．
- 機械 C については，ばらつきは小さかったが，分布が絶壁形となっており，上限側の製品を取り除いている可能性がある．
  - → 上限側の製品が取り除かれている理由と上限側の製品ができる原因を調べ，改善する必要がある（原因に対して対策を打つことにより，歩留り，品質の向上をはかることができる）．

(3) 層別した散布図

散布図では，層別により相関関係が変わることがある．その例については，8.1.6 項の図 8.13 を参照のこと．

第8章 データの活用と見方

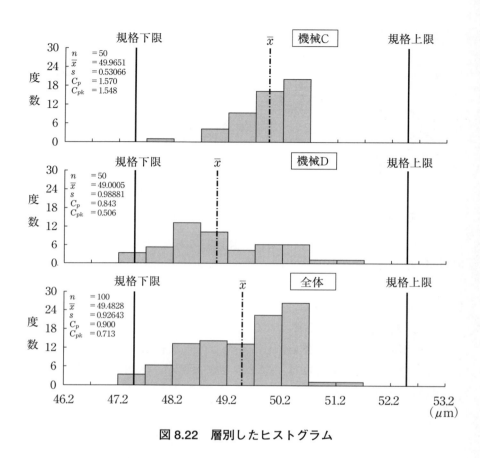

図 8.22 層別したヒストグラム

8.2 異常値

"**異常値**"とは，集団から飛び離れた値を示すものである．この異常値は，測定ミスや作業条件の変更など，特別な原因がある場合が多いが，分布の異なる母集団から，あるいは，同一の母集団からのものである場合もある．

とくに，統計量を計算する場合，異常値を含める場合と含めない場合はその値が大きく異なることがあるので，正確に判断するためには異常値の

取り扱いが重要となる.

8.3 ブレーンストーミング

(1) ブレーンストーミングとは

"ブレーンストーミング"は，1939年にアメリカのアレックス・F・オズボーン（Alex F. Osborn）が組織的なアイデアの出し方を考え，当時副社長であった会社で試みた．その時の参加者がこれをブレーンストーム会議と名付けたことから，その後アイデアを出す方法として知られるようになった．

ブレーンストームとは，「頭脳に嵐を起こす」という意味であり，「創造性を開発するための集団的思考の技法の一つで，会議のメンバーが，自由に意見や考えを出し合って，すぐれた発想を引き出す方法」であり，略してBSともいう．QCサークル会合でアイデアを出し合う際，特に特性要因図の作成時などで用いられることが多い．

アイデアは，頭の中に記憶している「バラバラな事柄」の「新しい」組合せであり，かつ「役に立つ」組合せである．つまりアイデアを出すということは，役に立つかどうかを判断しながら新しい組合せを求めていくことである．

しかし，「役に立つかどうか」を考えることと「新しい組合せ」を考えることは，頭の働かせ方がまったく異なっている．「新しいアイデア」を考えるときに，「役に立つかどうか」を考えてしまうと混乱が起こりやすい．「新しさを求める」ことと「役に立つかの評価」を同時に行わないで，時間をおいて別々に実施しようとする．

つまり，ブレーンストーミングは，アイデアの素材である「記憶している事柄」を1人でなくグループ全員で共用し利用することによって，たくさんの「思いつき」，すなわち「アイデアの芽」を作り出そうとする方法である．

(2) ブレーンストーミングの効果
① グループの独創力を大きく発揮できる

1人の発言が多くのグループメンバーに刺激を与えて何らかの発想が生まれ，それが次の思いつきを誘発するというように，連鎖反応のような効果が生じる．

② 思考を順序立てる

ブレーンストーミングは，この2つの異なった頭の働きを同時に行うことからくる混乱を避けて，始めに「新しい思いつき」を，後で役に立つかどうかの「評価」をするというように，2つのステップで行うことによって思考を順序立てるところに特徴がある．

(3) ブレーンストーミングの準備と心構え
① 準備

ブレーンストーミングは何人かの人が集まった会合の中で行うもので，特に留意することは，この会合に出席した全員の発言したことが全員の目に見えるように，いつでも思い出せるようにすることである．

② 心構え

ブレーンストーミングは，新しい思いつきを出すステップと，これを評価するステップに分かれている．新しい思いつきを出すステップにおいては，出席者は表8.5の4つの心構えが必要である．

(4) ブレーンストーミングの進め方
① 第1ステップ：目的と問題をよく知る

アイデアを出すには，全員がアイデアの必要性，アイデアを出す目的を理解することが第一歩である．

② 第2ステップ：思いつきを出す

役に立つかどうか，使いものになるかどうかを考えないで，思いついたことを気軽に口に出すステップである．ブレーンストーミングの4つのルールに沿って進めること．

③ 第3ステップ：アイデアの組立て

表 8.5　ブレーンストーミングの 4 つのルール

①	批判禁止	批判は役立つか，使えるかどうかの評価．自由な発想を妨げる．
②	自由奔放	奇想天外な発想が他の人の連想を刺激して，連鎖的にアイデアを誘発する．
③	量を多く	量は質を生む．「たくさん打てば 1 つはヒット」の考え方で短時間で多くの思いつきを出す．
④	便乗歓迎	他人のアイデアとの結合，尻馬に乗ることを遠慮しない．すでにあるアイデアとの結合が重要である．

　第 2 ステップによってたくさん出たアイデアの芽ともいえる「思いつき」をもう少し洗練されたものにするのが，このステップのねらいである．
　④　第 4 ステップ：評価して選ぶ
　作り出された多くのアイデアの卵から使いものになる有効なアイデアを選別するステップである．評価は，目的適合性と実現の可能性の 2 つの面から行う．

第8章　データの活用と見方

第8章のポイント

　QC七つ道具とは，パレート図，特性要因図，チェックシート，ヒストグラム，散布図，グラフ，管理図のことをいう．管理図とグラフをまとめて1つとして考えて，層別を加える場合もある．特性要因図以外は，数値データをまとめるときに使用する手法である．

(1) パレート図
　私たちの職場などで問題となっている不適合品(不良品)や手直し，不適合(欠点)，クレーム，事故などをその現象や原因別に分類してデータをとり，不適合品数(不良個数)や手直し件数，損失金額などの多い順位に並べて，その大きさを棒グラフで表わし，累積曲線で結んだ図である．

(2) 特性要因図
　問題とする特性と，それに影響を及ぼしていると思われる要因との関連を整理して，魚の骨のような形に体系的にまとめた図である．

(3) チェックシート
　データが簡単にとれ，しかもそのデータが整理しやすいように，あらかじめ設計してあるシート(様式)のこと．大きく分けると，チェックシートには調査用と点検確認用がある．

(4) ヒストグラム
　データの存在する範囲をいくつかの区間に分け，各区間に入るデータの出現度数をかぞえて度数表を作り，これを図示したもの．

(5) 散布図
　対となった2つ1組のデータ x と y を，x は横軸に，y は縦軸にプロットしたもので，点の散らばり具合によって，相関関係の有無を知ることができる．

(6) グラフ

人間の視覚に訴えられるように，データ（数字）を図示したもの．より多くの情報を，要約して，より早く，正確に伝えることができる．

(7) 管理図

工程における偶然原因による変動と異常原因による変動を区分して，工程を管理するために考案されたもの．1本の中心線(CL)とその上下に合理的に決められた管理限界線(UCL，LCL)を引いて，工程の管理状態を判定する．

(8) 層別

たくさんのデータを，そのデータのもつ特徴から，いくつかのグループ（層という）に分けること．問題を解決するために，各要因をさらに細かく分けて，層別して検討すれば，原因がわかり，問題の解決に役立つことがある．

(9) 異常値

集団から飛び離れた値を示すもの．この異常値は，測定ミスや作業条件の変更など，特別な原因が存在する場合が多い．

(10) ブレーンストーミング

創造性を開発するための集団的思考の技法の一つ．会議のメンバーが，自由に意見や考えを出し合って，すぐれた発想を引き出す方法．実施にあたって，「批判禁止」，「自由奔放」，「量を多く」，「便乗歓迎」の4つのルールを守ることが重要である．

第9章
企業活動の基本

第9章 企業活動の基本

9.1 製品とサービス

"**製品**(または**サービス**)"とは,「工程(プロセス)の意図した結果」をいう.また,消費者に提供するための有形・無形の商品,サービス,ハードウェア,ソフトウェア,およびこれらを組み合わせたものをいう.

すなわち,このような広い意味では製品は有形のものに限定されず,サービスも製品の一つであるとされているが,主に,工業において原材料を加工する工程を経て製造された完成品のことをいい,"製品やサービス"のようにサービスを分けて表現する場合もある.

一般的には,製品はサービス,ソフトウェア,ハードウェア,素材製品に分類されるといわれている.具体的な例を表 9.1 に示す.

表 9.1 製品の分類

製品の分類	具 体 例
サービス	取扱説明,輸送,美容・理容,介護
ソフトウェア	コンピュータプログラム,ゲームソフト,音楽,映像
ハードウェア	機械部品,エンジン,モータ,車体,家具
素材製品	燃料,潤滑油,触媒,電解液

9.2 職場の総合的な品質(QCD+PSME)

私たちがものづくりを行う現場では,安全に安定した品質を確保するために,多くの管理を行っている.QCD(Q:品質,C:コスト,D:納期)を"**広義の品質**","**総合的な品質**"という場合がある.また,QCD に PSME を加え,"**QCD+PSME**"を"総合的な品質"として考える場合もある.

企業活動の基本 第9章

表 9.2 に QCD + PSME とその管理項目の例を示す.

ここで, Morale(モラール：士気)と Moral(モラル：倫理)を合わせて心の健康ととらえる場合がある. また, 安全には労働安全衛生活動と製品安全活動を含める場合があり, 環境には地球環境保全活動まで含む場合がある.

職場の問題を探したり, 改善する場合には, QCD + PSME に着眼して行うとよい.

表 9.2 QCD ＋ PSME とその管理項目

頭文字	意　味	管理項目の例
Q	Quality(クオリティ)：品質, 質	製品の機械特性, 化学製品の不純物含有量, 機械部品の不適合品率, ガラス製品の不適合数
C	Cost(コスト)：原価, 費用	月当たりの燃料代, 廃棄物処理費用, 半期の出張旅費
D	Delivery(デリバリー)：量, 納期	今期の生産量, 納期遅れの件数
P	Productivity(プロダクティビティ)：生産性	作業者一人当たりの検査個数, 今月の施工件数
S	Safety(セーフティ)：安全	職場別無災害継続日数, 工場の事故発生件数
M	Morale(モラール)：士気 Moral(モラル)：倫理	QC サークル活動テーマ完了件数, 改善提案件数 欠勤率, 遅刻日数, 通勤時交通違反件数
E	Environment(エンバイロンメント)：環境	工場の二酸化炭素排出量, 原料のリサイクル率, 工場の緑化面積, 工場排ガスの NOx 濃度

9.3 報告・連絡・相談

製造業などの企業では，多くの従業員がそれぞれの組織に属して業務を行っている．組織には，企画，開発，設計，製造，品質管理，物流，サービスなどのほか，人事や経理などの間接部門まで，多くの組織がある．

それぞれの組織は，一般的に部門の長から課長や係長といった管理職と一般従業員などによって構成されている．各組織の業務は，管理職からの指示によって遂行される．

これら上司からの指示によって遂行される業務を円滑に行うためには，上司，先輩，同僚，お客様，取引先などとのコミュニケーションを確実に行うことが不可欠である．

コミュニケーションの基本となるのが"**報告・連絡・相談**"である．これらを略して"**ほうれんそう**(報連相)"ということもある．

"報告・連絡・相談"はいずれの場合も"5W1H"でポイントをおさえ，正しく，簡潔に，具体的に，数値で表現できることは数値で表現するとよい．

9.3.1 報告のポイント

① 指示された業務が完了したときには，必ず指示した人に対してその結果を報告する．
② 業務が長期にわたるときには，定期的に業務の進捗状況や今後の取組みなどについて中間報告を行う．
③ 当初の納期が守れない場合や，業務を遂行する過程で新たに問題が生じた場合などは，できるだけ早く報告し，新たな指示を仰ぐ．
④ 報告は，わかりやすく要点を伝えることが重要であり，口頭の報告のほか，電子メールや書類による報告を場合に応じて行う．
⑤ 書類で報告する際には，必要に応じて現物，写真，図，グラフなどを添付するとよい．

企業活動の基本　第9章

表 9.3　報告の例

適切な例	不適切な例
● 班長から指示された検査作業が完了したので，その日のうちに指示した班長にその結果を書類で報告した．	● 班長から指示された検査作業が完了したので，同僚に口頭でその結果を報告した．
● 担当している実験について必要な器具が不足したので，上司に報告し，購入の手配をお願いした．	● 担当している実験の器具は不足していたが，上司も知っていることと思い，とくに報告をしなかった．
● 樹脂製品に発生するキズの調査を指示されたので，現物のキズ見本を添えて，キズの発生本数を日別にグラフにまとめて報告した．	● 樹脂製品に発生するキズの調査を指示された．キズは，ほとんどすりキズと判断されたので，すりキズの発生本数のみを口頭で報告した．

表 9.3 に報告の適切な例および不適切な例を示す．

9.3.2　連絡のポイント

① 連絡する内容，重要度，緊急度などを考慮して，適切な相手や方法を選ぶ．
② 連絡を密にすることで，問題の発生や事故を未然に防ぐことができる．
③ 問題や事故が発生した場合でも，その状況などを的確に連絡することで被害や損失を最小限にとどめることができる．

表 9.4 に連絡の適切な例，および不適切な例を示す．

9.3.3　相談のポイント

① 仕事を行ううえで，自分一人で判断できない場合には，上司や先輩に相談をする．
② 相談する場合には，何を相談するのかを整理し，必要な資料などを

準備する．

③ 自分の考えや対応策を準備してから相談すると，より適切な助言が得られる．

表 9.5 に相談の適切な例および不適切な例を示す．

表 9.4 連絡の例

適切な例	不適切な例
● お客様の在庫状況を毎日確認し，製造部門に連絡をしている．それに合わせて製造部門では製造計画を立てた．	● お客様から急な注文があったが，急用があり1日遅れで製造部門に連絡した．結局，設備の修理と重なり，納期までに出荷ができなかった．
● 夜間操業中，重要設備が故障した．週末の夜ではあったが，緊急時の取り決めに従い，上司，関係部門に緊急連絡を行い，翌日には復旧できた．	● 重要設備が故障したが，夜間であるので，上司に連絡するのは失礼と思い，出勤している者で対応方法を検討した．

表 9.5 相談の例

適切な例	不適切な例
● QCサークルのテーマ選定に関して，自分たちの考えているテーマを3つに絞り，選定の背景とともに上司に相談した．	● QCサークルのテーマ選定には上司の助言が大事と思い，自分たちの意見をまとめる前に，上司に相談した．

9.4 5W1H

私たちの行動や世の中の事象には，必ず表 9.6 に示す"5W1H"の6

つの要素がある．しかし，行動や事象を観察したり伝えたりするときには，印象の強い要素や重要と思われる要素だけに着目してしまいがちである．このため，事実を確実に観察したり，情報を伝達するためには，常に"5W1H"の6つの要素について抜けがないかを心がける必要がある．報告書の作成や口頭での報告においても"5W1H"の要素を意識することが重要である．具体的な例を表9.7に示す．

表9.6　5W1H

What	何を，何について（対象）
When	いつ，いつまでに（日時）
Who	誰が，誰と（人）
Where	どこで（場所）
Why	なぜ，どうして（目的）
How	どのように（方法），どのくらい（程度）

表9.7　5W1Hの例

5W1H	例1	例2
What	QCサークル活動の会合を	Aラインで発生した不適合品の原因調査を
When	1月23日 午後5時から	今日から1週間の間に
Who	「ひまわりサークル」メンバー全員で	B班のメンバー全員で
Where	大阪工場ミーティングルームにて	Aラインの製品検査場にて
Why	原因究明のため	Aラインの不適合品率低減のため
How	全員参加でブレーンストーミングを行う	チェックシートを用い不適合原因別に個数をチェックする

第9章 企業活動の基本

9.5 三現主義・5ゲン主義

9.5.1 三現主義

品質管理においては事実をもとに判断・行動することが重要である．事実を具体的に捉えるためには，"現場"で"現物"を"現実"的に検討することが重要である．

この"現場，現物，現実"の3語をまとめて"三現主義"という．

具体的に，工場の製造ラインで不適合品が大量に発生した状況を考えると表9.8のようになる．

表9.8　三現主義の例

三現主義	製造ラインで不適合品が大量に発生した場合
現　場	不適合品が発生しているラインに出かけて調査する．
現　物	不適合品の現物を観察する．写真や映像ではなく現物を直接見る．
現　実	不適合品の発生がどんな状況かを調査する．たとえば，他のラインとの比較やライン上での検査の状況や設備に異音・異臭などがないかをチェックする．

9.5.2 5ゲン主義

三現主義に"**原理，原則**"を加えて，3つの現(ゲン)と2つの原(ゲン)で"**5ゲン主義**"という場合がある．三現主義で事実を確実に把握するとともに，事実を原理・原則に照らし合わせてみることで問題点が明らかになり，問題の解決につながる．

"原理"とは，「事象やそれについての認識を成り立たせる，根本となるしくみ」(大辞林：三省堂)であり，"原則"とは，「多くの場合にあてはまる基本的な規則や法則」(大辞林)である．

たとえば,「金属同士がこすれあう際に,潤滑剤を塗布することによって摩擦を減らし,摩擦熱の発生や摩耗を防ぐこと」が潤滑の原理である.したがって,「金属同士がこすれあう箇所には適切な潤滑剤の供給が必要である」ことが原則である.

仮に,機械装置の軸受けの温度が上昇したり,異音や異臭の発生が見られたりした場合には,上記の潤滑の原理・原則と照らし合わせることによって,潤滑剤の供給が不十分なことによる摩擦・摩耗の発生という問題点が明らかになる.

9.6 企業生活のマナー

企業には,性別や年齢の異なる多くの人たちが働いている.企業活動を円滑に行い,各人の職場での生活を充実したものにするためには社会人として常識を身につけ,最低限の決まりを守る必要がある.

9.6.1 社会人としての自覚

学生時代とは異なり,お金をもらって仕事をするプロとしての自覚を持たなければならない.

指示された職務は責任を持って行い,その進捗状況の報告を適宜行うことが重要である.自分勝手な判断で業務を進めることなく,上司への報告,連絡,相談を適切に行うことで,その指示を仰いで職務を遂行する.

また,連絡をせずに欠勤することはよくない.休暇を取る際には,職場の決まりに従い事前に上司の了解をとる.

9.6.2 時間の厳守

企業においては,時間を守ることは非常に重要である.1人の不注意が,

多くの職場の仲間や上司に迷惑をかけることになる．また，お客様や取引先との約束の時間を守れないようなことがあると，個人だけでなく，会社の信用を損なうことにもなりかねない．

- 遅くとも始業時刻の5分前には，席や持ち場につき，業務が開始できる準備をしておく．
- 会議や会合には5分前には集合し，定刻どおりの開始，終了を心がける．
- 指示された資料の提出期限や，約束した時刻は厳守する．

ぎりぎりに間に合えばよいという考えではなく，指定の時間には余裕を持って業務を行えるようにしておくことが重要である．

9.6.3 挨拶の励行

職場の人間関係を良好に保つためには，挨拶の励行が必須である．朝の「おはようございます」から，退社時には「お先に失礼します」など，相手の目を見てこちらから挨拶をする．製造業の会社などでは「ご安全に」など独自の挨拶を決めているところも多く，場面に応じたきちんとした挨拶が重要である．

9.6.4 言葉遣いに注意

職場では，皆が社会人であるので，相手を尊重した丁寧な言葉遣いが求められる．たとえ後輩や年下の人に対してでも，呼び捨てはせず「～さん」と呼ぶのがよい．社外の人，上司や先輩に対しては敬語を使うとともに，社外の人に対して身内の話をする際には，謙譲語を使うことも大事である（表9.9参照）．

9.6.5 きちんとした服装

服装などの身だしなみは，個人の評価だけでなく会社全体の評価にもつ

表 9.9　言葉遣いの例

適切な例	不適切な例
●「田中係長，この書類の確認をお願いします」 ●「(新人の)山田さん，この作業をお願いします」 ●(社外の人に対して)「(課長の)島田はただいま席をはずしております」	●「田中さん，この書類ちょっと見て」 ●「おい 山田，この仕事やっておけよ」 ●「島田課長は，席をはずされています」

ながる重要なものである．清潔で相手に不快な感じを与えないことが大事であり，さらに場所や時間，場合に応じた服装を心がけることが大切である．

建設現場や危険が伴う製造現場などでは，服装や身を守る保護具が定められており，必ず決められたとおりに着用する．また，食品や薬品の製造現場などでは，化粧やアクセサリーの着用についての決まりがある場合も多い．

9.6.6　公私混同の禁止

文房具などの会社の備品やパソコン，電話などは，会社の財産の一部であるので，業務以外の私的な用途に使ったり，自宅に持ち帰ったりしてはならない．また，就業時間内に私的な用事で職場を離れたり，私的な行動をとることも行うべきでない．緊急の私用などがある場合には，上司に了解をとり，なるべく休憩時間などに済ませるようにする．

9.6.7　整理・整頓

業務を行うための机や各種備品，現場で使用する工具や装置などは，すべて会社から貸与(貸し出されている)されているものである．したがって，

第9章 企業活動の基本

これらを大事に使い，常に整理・整頓を行うことは，自分だけでなく周りの人たちも快適に効率よく仕事ができることにつながる．

9.6.8 環境への配慮

近年は環境問題も重要になってきている．身近なところでは，省エネルギー活動，資源の再利用，ゴミの分別など，地球環境に配慮した活動を積極的に行うことが求められている．

9.7 5S

"5S"とは，職場の管理で重要な"**整理**(せいり，Seiri)，**整頓**(せいとん，Seiton)，**清掃**(せいそう，Seisou)，**清潔**(せいけつ，Seiketsu)"の4Sに"**躾**(しつけ，Shitsuke)"を加え，それぞれのローマ字表記の頭文字のSをとったものである．すなわち，4Sの活動を職場で自主的に実施できるレベルまでを求めている(表9.10 参照)．

表9.10　職場の5S

5S	意　　味
整理(せいり)	いるものといらないものに分け，いらないものは処分する
整頓(せいとん)	いるものをいつでも取り出せるようにしておく
清掃(せいそう)	常に掃除をして片づけ，職場を清潔に保つ
清潔(せいけつ)	上の3Sを実行し，汚れのない状態を維持する
躾(しつけ)	決められた手順・ルールを確実に守ることを習慣づける

9.8 安全衛生

9.8.1 労働安全衛生

　企業では，工場などの現場での安全な作業を行うための活動のほか，通勤時の交通安全対策，定期健康診断や特殊作業に従事する人に対する特殊健康診断の実施など，従業員が安全で健康に過ごせるようにしている．

　とくに，労働災害を防止する活動は，"**安全第一**"の旗印のもと，企業全体で組織的に働く人の安全を確保する活動として行われている．さらに，働く人の健康を維持し，人間としての尊厳を重視することも重要である．これら，従業員の安全，健康維持に関する問題を"**労働安全衛生**"という．

　労働安全衛生に関する全国的な行事として，毎年7月に"全国安全週間"(6月に準備月間)，10月に"全国労働衛生週間"(9月に準備月間)が行われている．この期間に合わせ，各事業所では発表大会，表彰，教育などが実施されることが多いが，安全衛生に関する活動は全員が常日頃から行うことが重要である．

9.8.2 安全衛生の活動

　工場や建設現場では，災害を未然に防ぎ"ゼロ災害"(無災害)を達成するために多くの活動が実施されている(表9.11参照)．

　労働災害の防止活動は，"**ハインリッヒの法則**"に基づく考え方が基本となっている．米国の安全技術者のハインリッヒは，過去の多数の事故例から，「1件の重大な災害の背後には，29件の軽微な傷害があり，その背景には300件の傷害のない事故がある」ことを見出した．このことから，日常の現場で起きるヒヤリ・ハットに対して対策を行ったり，未然に危険な箇所や行動を洗い出し，排除したり対策を実施することが重要と考えられるようになった．

第9章 企業活動の基本

表 9.11 労働災害防止活動

活　　動	目　　的	内　　容
ヒヤリ・ハット活動	実際に災害にはいたらなかった危険な状態や行動を報告し，原因と対策を考える．	ヒヤリとした，ハッとした事例を，5W1Hで対策とともに報告し，職場で共有する．
KYK（KY活動：危険予知活動）	災害を未然に防止する．	作業者自身が作業現場に近い場所で，職場の潜在的な危険を予知することで，危険を事前に排除したり事故に巻き込まれないように対策を実施する．
KYT（危険予知トレーニング）	KYKを適切に行うための訓練．	実際の作業のイラストや写真を見て，潜在的な危険箇所や行動を見つけ，その対策を考える．
指差呼称（ゆびさしこしょう）	安全確認を行い，ヒューマンエラーを防ぐ．	自分の行動に対し，対象物を見て指を差しながら大きな声で「電源投入ヨシ！」などと呼称する．

9.9　規則と標準

　企業活動を円滑に進め，提供する製品やサービスの品質を一定に保つためには定められた**規則**や**標準**を遵守することが基本となる．主な規則と標準を表9.12に示す．企業では，これらのほか，多くの規則や標準が定められている．

表 9.12 職場の規則と標準

規則・標準	意　味
就　業　規　則	職場生活のルールを明文化したもので，始業および終業の時刻，休憩時間，休日，休暇，賃金，退職などについて記載されている．
社内標準・社内規格	個々の会社内で会社の運営，成果物などに関して定めた標準 (JIS Z 8002：2006)
作　業　標　準	作業の目的，作業条件(使用材料，設備・器具，作業環境など)，作業方法(安全の確保を含む)，作業結果の確認方法(品質，数量の自己点検など)などを示した標準 (JIS Z 8002：2006)

(注)　社内標準・社内規格，作業標準については第6章も参照のこと．

第9章 企業活動の基本

第9章のポイント

(1) 製品とサービス

"**製品**(または**サービス**)"とは,「工程(プロセス)の意図した結果」をいう．また,消費者に提供するための有形・無形の商品,サービス,ハードウェア,ソフトウェア,およびこれらを組み合わせたものをいう．

(2) 職場の総合的な品質

ものづくりを行う現場では,安全に安定した品質のものづくりを行うため,多くの管理を行っている．以下の7つの項目,QCD＋PSMEを"**職場の総合的な品質**"という場合がある．

Q(品質：Quality), C(コスト：Cost), D(量・納期：Delivery), P(生産性：Productivity), S(安全：Safety), M(士気：Morale, 倫理：Moral), E(環境：Environment).

(3) 報告・連絡・相談

職場のコミュニケーションの基本となるのが"**報告・連絡・相談**"である．これらを略して"**ほうれんそう(報連相)**"ということもある．

(4) 5W1H

事実を確実に観察したり,情報を伝達するためには,常に"**5W1H**"の6つの要素について抜けがないかを心がける必要がある．報告書の作成や口頭での報告においても"5W1H"の要素を意識することが重要である．

- What：何を,何について(対象)
- Who：誰が,誰と(人)
- Why：なぜ,どうして(目的)
- When：いつ,いつまでに(日時)
- Where：どこで(場所)
- How：どのように(方法), どのくらい(程度)

(5) 三現主義・5ゲン主義

事実を具体的に捉えるためには，"現場"で"現物"を"現実"的に検討することが重要である．この"現場，現物，現実"の3語をまとめて**"三現主義"**という．

また，三現主義に"原理・原則"を加えて，**"5ゲン主義"**という場合がある．

(6) 企業生活のマナー

企業活動を円滑に行い，各人の職場での生活を充実したものにするためには社会人として常識を身につけ，最低限の決まりを守る必要がある．社会人としての自覚とともに，時間の厳守，挨拶の励行，ていねいな言葉遣い，きちんとした服装，公私混同の禁止，整理・整頓の励行，環境への配慮などを行わなければならない．

(7) 5S

"**5S**"とは，「職場の管理で重要な整理(せいり)，整頓(せいとん)，清掃(せいそう)，清潔(せいけつ)の4Sに躾(しつけ)を加え，ローマ字表記の頭文字のSをとったもの」である．

(8) 安全衛生

企業では，工場などの現場での安全な作業を行うための活動のほか，通勤時の交通安全対策，定期健康診断や特殊作業に従事する人に対する特殊健康診断の実施など従業員が安全で健康に過ごせるための多くの活動を行っている．

(9) 規則と標準

企業活動を円滑に進め，提供する製品やサービスの品質を一定に保つためには定められた規則や標準を遵守することが基本となる．

参考・引用文献

1) JIS Z 8002：2006「標準化及び関連活動－一般的な用語」
2) JIS Z 8101-1：2015「統計－用語と記号－第1部：一般統計用語及び確率で用いられる用語」
3) JIS Z 8101-2：2015「統計－用語と記号－第2部：統計の応用」
4) JIS Z 8115：2019「ディペンダビリティ(総合信頼性)用語」
5) JIS Q 9000：2015「品質マネジメントシステム－基本及び用語」
6) JIS Z 9002：1956「計数規準型一回抜取検査」
7) JIS Q 9024：2003「マネジメントシステムのパフォーマンス改善－継続的改善の手順及び技法の指針」
8) JIS Q 10002：2019「品質マネジメント－顧客満足－組織における苦情対応のための指針」
9) 「品質管理セミナー・入門コース・テキスト」，日本科学技術連盟，2016年
10) 「品質管理セミナー・ベーシック・テキスト」，日本科学技術連盟，2016年
11) 「通信教育 品質管理基礎講座テキスト」，日本科学技術連盟，2015年
12) 「品質管理検定4級の手引き」Ver.3，日本規格協会，2015年
13) 吉澤正編，『クオリティマネジメント用語辞典』，日本規格協会，2004年
14) 日本品質管理学会監修，『日本の品質を論ずるための品質管理用語85』，2009年
15) QCサークル本部編，『QCサークルの基本』，日本科学技術連盟，1996年
16) QCサークル本部編，『QCサークル活動運営の基本』，日本科学技術連盟，1997年
17) 細谷克也，『QC的ものの見方・考え方』，日科技連出版社，1984年
18) 社内標準化便覧編集委員会，『社内標準化便覧［第2版］』，日本規格

協会，1985 年
19) 鐵健司編，『社内標準化とその進め方』，日本規格協会，1984 年
20) 細谷克也，『QC 七つ道具 100 問 100 答』，日科技連出版社，2003 年
21) 細谷克也，『QC 手法 100 問 100 答』，日科技連出版社，2004 年
22) 細谷克也，『やさしい QC 手法演習 QC 七つ道具』，日科技連出版社，1982 年
23) 細谷克也，『QC 的問題解決法』，日科技連出版社，2006 年
24) 細谷克也，村川賢司，『実践力・現場力を高める QC 用語集』，日科技連出版社，2015 年
25) 日本品質管理学会編，『新版　品質保証ガイドブック』，日科技連出版社，2009 年

索　引

【英数字】

3ム	30，37
4M	5
4S	132，137
5S	132，137
5W1H	126，136
──の例	127
5ゲン主義	128，137
CS	7
c 管理図	110
JIS	72
JISマーク表示制度	72
KAIZEN	26
KYK	134
KYT	134
np 管理図	110
PDCA	17，18
──のサイクル	17，20，23
PDCAのサイクルのステップ	19
p 管理図	110
QCD	3
QCD+PSME	122
──とその管理項目	123
QCサークル	32
QCサークル活動	27，32
──の基本理念	33
──の進め方	33
QCストーリー	26，27，37
──のステップ	28
QC七つ道具	90
──とその使い方	90
SDCA	18
──のサイクル	18，20，23
u 管理図	110
$\overline{X}-R$ 管理図	110

【あ】

挨拶の励行	130
後工程	41
後工程はお客様	7，42，49
安全衛生	137
安全第一	133
安定状態	110
──の判定	110
維持活動	16，23，26
異常	44，50
異常原因	46，50
異常値	45，114，119
受入検査	56，61
円グラフ	106
応急処置	44
応急対策	11
お客様	7
お客様満足	7，12
帯グラフ	107
折れ線グラフ	47，106

【か】

改善	26，37
改善活動	16，23，26
課題	9，10，13

索　引

課題達成型 QC ストーリー　　　29
環境への配慮　　　132
間接検査　　　57
ガントチャート　　　107
官能検査　　　59, 62
管理　　　16
管理活動　　　16, 23
管理項目　　　21, 24
　　──の例　　　22
管理図　　　47, 90, 109, 119
　　──の異常の判定ルール　　　111
　　──の見方　　　110
管理のサイクル　　　18, 23
規格　　　64, 66
企業生活のマナー　　　137
技術標準の種類　　　69
規則　　　134, 137
きちんとした服装　　　130
偶然原因　　　46, 50
苦情　　　10, 13
苦情処理の例　　　11
グラフ　　　90, 104, 119
　　──の種類　　　105
クレーム　　　10, 13
計数1回抜取検査　　　54
計数値　　　80, 81, 87
継続的改善　　　27
計量値　　　80, 81, 87
欠点発生位置調査用チェックシート　　　97
言語データ　　　80, 82
検査　　　52, 61
　　──の種類　　　56
公私混同の禁止　　　131
工程　　　40, 49

──の 5M　　　43, 44, 59
工程間検査　　　56, 61
工程内検査　　　56, 61
工程分布調査用チェックシート　　　95
購入検査　　　56
顧客満足　　　7
国際規格　　　71
国家規格　　　72
言葉遣いに注意　　　130
言葉遣いの例　　　131

【さ】

サービス　　　122, 136
最終検査　　　56, 62
再発防止　　　11, 45
作業標準　　　68, 74, 135
三現主義　　　128, 137
　　──の例　　　128
散布図　　　90, 102, 118
サンプリング　　　77, 87
サンプル　　　76, 87
時間の厳守　　　129
試験　　　52
仕事の進め方　　　17
自主検査　　　59
社会人としての自覚　　　129
社内規格　　　66, 73, 74, 135
社内標準　　　66, 73, 74, 135
　　──の体系　　　68
社内標準化の目的　　　67
就業規則　　　135
重点指向　　　34, 38
出荷検査　　　57, 62
順位データ　　　80, 82

索　引

巡回検査	59
小集団	32
小集団活動	27, 32, 37
職場の総合的な品質	136
生産の4M	44
生産の4要素	44
製品	122, 136
──の分類	122
整理・整頓	131
ゼロ災害	133
全数検査	54, 61
──が必要な場合	57
層	78
相関関係	103
相関係数	103
総合的な品質	122
相談のポイント	125
層別	78, 112, 119
──サンプリング	78
──した散布図	113
──したパレート図	112
──したヒストグラム	113
──比例サンプリング	79

【た】

団体規格	72
地域規格	72
チェックシート	90, 95, 118
中間検査	56
定位置検査	59
データ	76, 87
──の種類	82
──の使用目的の分類	82
──のとり方，まとめ方のポイント	

	83
適合	53, 61
適合品	61
点検確認用チェックシート	98
点検項目	21, 24
特性要因図	90, 93, 118

【な】

日本工業規格	72
抜取検査	54, 61
──が必要な場合	58
ねらいの品質	9

【は】

ハインリッヒの法則	133
破壊検査	58, 62
外れ値	45
ばらつき	76, 84
パレート図	90, 91, 118
範囲	84, 85, 88
ヒストグラム	90, 98, 118
──の形	100
非破壊検査	58
ヒヤリ・ハット	134
標準	64, 66, 74, 134, 137
──の種類	74
標準化	64, 74
──の目的	65
品質	2
品質管理	5, 12
──活動	5
品質第一	4
品質は工程で作り込め	42, 49
品質優先	4

索引

——の考え方	12
不適合	53, 61
不適合項目調査用チェックシート	95
不適合発生位置調査用チェックシート	97
不適合品	61
不適合要因調査用チェックシート	97
不良項目調査用チェックシート	95
不良要因調査用チェックシート	97
ブレーンストーミング	115, 119
——の4つのルール	117
——の効果	116
——の進め方	116
プロセス	40, 49
——のアウトプット	40
——のインプット	40
プロセス管理	41, 49
プロダクトアウト	4
分類データ	80, 82
平均値	84, 88
平均値と範囲の計算	85
棒グラフ	105
報告・連絡・相談	124, 136
報告のポイント	124
ほうれんそう	124
母集団	76, 87
母集団とサンプルの関係	77

【ま】

マーケットイン	4
前工程	41
無試験検査	57
ムダ・ムリ・ムラ	30, 37
メディアン管理図	110
持込検査	60
問題	9, 10, 13
問題解決型QCストーリー	29
問題解決の手順	28

【や】

指差し呼称	134

【ら】

ランダムサンプリング	77
レーダーチャート	109
連絡のポイント	125
労働安全衛生	133
ロット	54, 79, 87
ロットとサンプルの関係	79

QC検定受検テキスト編集委員会　委員・執筆メンバー(五十音順)

編著者　細谷　克也　（㈲品質管理総合研究所）

著　者　稲葉　太一　（神戸大学大学院）

　　　　竹士伊知郎　（南海化学㈱）

　　　　松本　　隆　（MT経営工学研究所）

　　　　吉田　　節　（IDEC㈱）

　　　　和田　法明　（三和テクノ㈱）

品質管理検定集中講座［4］
【新レベル表対応版】
QC検定受検テキスト　4級

2011年11月25日　第1版第1刷発行
2015年11月13日　第1版第6刷発行
2016年9月22日　第2版第1刷発行
2024年11月11日　第2版第9刷発行

編著者　細　谷　克　也
著　者　稲　葉　太　一　　竹士伊知郎
　　　　松　本　　　隆　　吉　田　　　節
　　　　和　田　法　明
発行人　戸　羽　節　文

検印省略

発行所　株式会社　日科技連出版社
〒151-0051　東京都渋谷区千駄ヶ谷1-7-4
　　　　　　渡貫ビル
　　　　　　電話　03-6457-7875

Printed in Japan

印刷・製本　河北印刷株式会社

© Katsuya Hosotani et al. 2011, 2016　　ISBN 978-4-8171-9562-3
URL https://www.juse-p.co.jp/

本書の全部または一部を無断でコピー，スキャン，デジタル化などの複製をすることは著作権法上での例外を除き禁じられています．本書を代行業者等の第三者に依頼してスキャンやデジタル化することは，たとえ個人や家庭内での利用でも著作権法違反です．

QC 検定　問題集・テキストシリーズ

品質管理検定集中講座（全4巻）

【新レベル表対応版】QC 検定受検テキスト1級
【新レベル表対応版】QC 検定受検テキスト2級
【新レベル表対応版】QC 検定受検テキスト3級
【新レベル表対応版】QC 検定受検テキスト4級

品質管理検定講座（全4巻）

【新レベル表対応版】QC 検定1級模擬問題集
【新レベル表対応版】QC 検定2級模擬問題集
【新レベル表対応版】QC 検定3級模擬問題集
【新レベル表対応版】QC 検定4級模擬問題集

品質管理検定試験受検対策シリーズ（全4巻）

【新レベル表対応版】QC 検定1級対応問題・解説集
【新レベル表対応版】QC 検定2級対応問題・解説集
【新レベル表対応版】QC 検定3級対応問題・解説集
【新レベル表対応版】QC 検定4級対応問題・解説集

好評発売中！

日科技連出版社ホームページ　http://www.juse-p.co.jp/